素粒子の心 細胞の心 アリの心

心が語る生命進化の真相

望月清文

目次

プロローグ

人は一体いつから現代人のような心をもつ人になったのだろうか？　そして、人は、本当にダーウィンの提唱した突然変異と自然淘汰によって、単純な生命体から時の流れとともに少しずつ進化してきたのだろうか？　ダーウィンの説によると、生物の進化には目的などなく、ただ、変化する環境の中で生き残るのに、そして子孫を残すのに最も適したものだけが生き延びていくことになる。だから、そうして誕生してきた人間にしても、生きることの目的などなく、ただ、多様に変化する環境の中で、その環境にあった生き方だけが生き延びる最良の策ということになってくる。でも、はたして人はパンのみを求めて生きているのだろうか？

人として生まれてきた以上、程度の差こそあれ必ず人は、生きるとはどういうことなのか、何のために生まれてきたのか、生きることの意味を求め、生まれてきたことの目的を考えるものだ。それは、人として生まれてきたことに意味があり、まだ得られていない何かを得ようとする精神的進化への目的が、心の内に秘められているからなのではないだろうか。その人間の抱く目的、それは、心の問題になってくるのだが、その心の問題に答えられてこそ、真の進化論ではなかろうか。でも、ダーウィンの語る進化論からは、その答えは見えてはこない。

本書では、現在を生きる一人ひとりの心の世界を探求することで見えてきた人間誕生の秘密を明らかにし、生命が一体どのようにして地球上に登場してきたのか、そして、人間に生きることの意味を問わせる心は一体どのようにして誕生してきたのか、といった問いに答えるとともに、ビッグバンから人間誕生までの生命の進化の真相にせまろうと思う。

光にも心がある。これは、私が光の研究を通して見えてきた世界であるが、科学の世界ではこれまで、光はもちろんのこと、原子や分子は単なるモノとして扱われ、そうしたモノに心があるなどとは考えてもこなかった。そして、科学は、この宇宙がビッグバンに始まり、そこから電子やクォークといった素粒子が生み出され、そうした素粒子を素材にして、原子や分子が誕生してきたことを明らかにしてきたが、心の誕生となると、それが一体いつどのようにして生まれてきたのか、その答えを見つけ出すことにまだ成功してはいない。ただ、アメーバやゾウリムシなどの単細胞生物に対しては、原子や分子とは異なり、そこには心と係わった生命があるとして、生命体と名付けてきた。そして、科学は、そうした生命体が共通に持つ自己組織化の能力や、自己複製の能力をもって生命体を定義してきた。でも、生命体にそうした定義を与えたとしても、その生命が、一体いつどのようにしてこの地球上にもたらされたのか、これほどまでに発達してきている科学の世界においても、その答えを見つけ出すことはまだできてはいない。

この生命と係わった問題と同じように、その存在を明確にできないまま、科学が当然のものとして受け入れてきたものに時間と空間とがある。私たちが生活している時間と空間の支配する四次元の世界が、現実の世界であることをだれも疑いはしないだろう。というのは、五感から入ってくるあらゆる刺激は、四次元の世界からやってくるし、その四次元の世界の中で、私たちは、科学を発達させ、その科学が明らかにした自然法則を基本にして、車や飛行機、ＴＶや電話といった文明の利器を生み出し、それによって豊かな生活を築き上げてきたからだ。だから、四次元の世界こそ私たちが生きている世界であるとして、だれもそれに疑いを抱くことなどない。特に、科学の世界では、四次元の世界で起きる現象を時空と係わった因果によって分析し、そこから見出された法則を絶対的なものと認めてきた。そして、この時空と係わった因果が成り立つことが科学であるとし、その因果が成り立たないような学説は、生気説であるとか、神秘主義であるとかされ、およそ科学としては語ることのできないまがい物として排斥されてきた。

ダーウィンによって提唱された進化の学説も、科学がいまだにその誕生に関して答えを得ていない生命の存在と時空の因果を前提に考えだされたものだ。単純な生命体が、突然変異と自然淘汰を繰り返しながら、やがて人間へと進化したとする推論は、四次元の世界が現実の世界であると考える科学者にとっても、一般の人たちにとっても、極めて考えやすい論であることにはまちがいない。そこでは、生命とは一体何なのかも議論されず、どのようにして最初の生命体が誕生してきたのかについても不問に付し、とにかく一個の生命体に起きた突然変異を、交配という空間と係わった因果によって子孫に伝え、その突然変異の蓄積という、これまた時間と係わった因果によって、多様な生物が誕生してきたとされている。このシナリオは、四次元の世界を真実な世界とする人たちにとっては、極めて受け入れやすい理論であることはまちがいない。でも、はたして、その四次元の世界で考えだされたダーウィンの進化論は、生命の進化の真相を正しくとらえているのであろうか。そして、私たちは、本当に四次元の世界の中だけで生きているのだろうか。

私があえてこんな疑問を投げかけるのは、私がこれまで行ってきた心の研究を通して見えてきた生命の進化の営みが、どうしても、そうした時空の支配する世界ではなされてきていなかったことを物語っているからだ。このことについては本書で詳しく述べることにするが、そうした研究結果を踏まえて世の中を見渡してみると、四次元の世界での因果が必ずしも成り立たない現象があちこちで起きてきていることに気付かされる。

たとえば、この宇宙の誕生を探求している宇宙物理学や、原子の内部を探求している素粒子物理学において、従来正しいとされていたアインシュタインの一般相対性理論や量子力学といったものが、究極の世界では必ずしも成り立たない世界が生まれてきていて、そうした問題を解決するための新たな理論は、四次元という世界に限定されたものではなく、一〇次元、一一次元といった多次元空間へと拡張されてきている。そして、こうした問題に直面している科学者の中には、時空の存在そのものに疑問符を投げかける人も現れてきている。また、素粒子の世界においては、何万光年も離れた二つの光子が、瞬時に影響しあうという、従来の科学では説明することのできない現象が起きていて、これまでの時空に支配された局所的な考えから、時空を超えた非局所的な考えに移らざるを得ない状況も起きてきている。

こうした問題は、物理学の世界だけに限られたものではなく、古生物学の世界でも起きていて、そこではダーウィンの進化の学説通りにはなっていない現象が相次いで発見されてきている。ダーウィンの学説によると、突然変異と自然淘汰によって、何十万年、何百万年といった時間経過とともに、種は段々と変化し、新たな種へと移っていくことになるが、化石記録に残されたほとんどの生物が、突然のごとく出現し、単調なまま数百万年もの間ほとんど変化することなく生き続け、そして、最初に出現した時と同じように突然のごとく姿を消しているのである。誕生するときも突然であり、消え去っていく時も突然であるという時空の因果からはおよそ考えられないようなこの現象に、古生物学者たちは頭を悩ませ続けてきた。

こうした四次元の世界での因果だけでは説明できない現象が、古生物の世界には多く見られるのだが、その中で一番といっていいほど古生物学者たちを悩まし続けてきているのが、カンブリア紀の爆発と呼ばれる謎に満ちた古生物の化石群の発見である。今から五億四〇〇〇万年前頃のカンブリア紀、地球上に様々な生物が一斉に誕生してきていたことを示す古生物の化石が大量に発見されていて、古生物学者たちは、これをカンブリア紀の爆発と名付けた。このカンブリア紀の爆発が、古生物学者たちを悩ませているのは、この時期に、現生生物のほとんどすべての原型が、突如として出来上がっていて、そこではもはやダーウィンの進化の学説が基軸とする四次元の世界での因果が、必ずしも成り立たない何かが起きていたとしか考えられないからだ。

また、人類の進化を研究している考古学の世界においても、それと同じような現象に直面している。今から五万年ほど前を境にして、現代人のもつ心と同じ心の誕生を想像させるような文化的営み、すなわち洞窟壁画や彫刻の製作、さらには高度な技術を用いた道具作りといったものが、この時期突然のごとく花開いてきているのである。考古学者たちは、この状況を文化的爆発と呼び、この時期、人類の精神世界に何等かの大きな変化があったものと推測してきた。でも、その正体はいまだに謎に包まれたままなのだ。

このように、それぞれの専門分野での探求が極められていけばいくほど、そこには、これまでの科学の常識とされていた時空の因果に基づいた考えでは、解決の糸口がなかなかつかめない問題が立ちはだかってくるようになってきた。こうした問題に直面するにおよんで、改めて頭を持ち上げてくるのは、これまで当然のこととして受け入れられてきた四次元の世界が、本当に私たちの生きている生命の世界を正しく記述している世界なのかという疑問である。そして、よく考えてみると、私たちが四次元の世界を絶対と思っているのは、五感でとらえた物質の世界に限られていたのではないだろうか。すなわち、物質と係わった認識世界においては、四次元の世界が支配的であったということにすぎないのではないだろうか。

科学が分析の対象とするのは物質の世界が基本である。宇宙物理学にしても、素粒子物理学にしても、さらに分子生物学や古生物学にしても、そこでは、素粒子や原子、さらにはＤＮＡや生物化石といったものが、心のない単なる物質として研究の対象とされてきた。ところが、ひとたび人間の認識が物質の世界から離れたなら、四次元の世界というものが必ずしも絶対的な存在ではなくなってくる。

精神科医であったユングは、個々別々の事柄が、ある時、意味の一致をみる現象に直面し、それを共時性と名付けた。何十年も会っていない人をふと思い浮かべたとたん、その人が目の前に突然現れたり、夢で見たことが、現実の出来事として起きてきたり、偶然見かけたものによって、その後の人生が大きく変わってしまったりと、そこには四次元の世界でのはっきりとした因果は成り立ってはいないけれど、私たちは、時として、そうしたことを日常生活において体験することがある。

このように、物質だけではなく、心の世界も加味していく時、私たちの生活している世界が、必ずしも四次元の世界だけで成り立っているのではないことがおぼろげながらも見えてくる。そして、先に述べた古生物学や考古学の世界から浮かび上がってきているいくつかの謎も、生物進化という生命そのものと係わった生物の有り様を探求しているにもかかわらず、それらを物質的な側面としての形態からしかとらえてきていなかったことに起因しているのではないだろうか。人間以外の生物といえども内的世界を持っている。その内的世界が個々の生物に作用し、本能的行動を起こさせているのであるから、その内的世界を無視して、ただ物質的な側面のみを対象とし、そこに時空と係わった因果を持ち出して議論されてきたダーウィンの進化の学説には、不完全な生命世界を扱ったことによる現実との矛盾が浮かび上がってくるのも当然のことと言える。

本書では、ダーウィンを筆頭とするこれまでの進化学者たちがとってきた物質主体の分析からではなく、心の世界を探求することによって見えてきた生命の進化について述べることにする。そして、生命の営みが、時空を超えた世界で行われていて、生命の進化が、そして、生物の進化が、ダーウィンの唱える進化の学説とは全くちがったメカニズムでなされてきたことを示そうと思う。

生物の進化ということに関して、全くの門外漢であった私が、ダーウィンの『種の起原』を初めて目にしたのは、今から二五年ほど前、私が人間研究に第一歩を踏み始めた頃である。それまで、私は、生物とか進化といった分野とは全く異なる光通信の研究に携わり、日本とアメリカを光ファイバーで結ぶ太平洋横断光海底ケーブルの実現に向けて、日夜研究に取り組む日々を過ごしていた。

光のこと、光ファイバーのことなどを研究していく中で、いつしか私は、光にも心があることに気付かされると同時に、それまで当たり前に生きてきたことに疑問を抱くようになってきていた。生きることの意味は何なのか？　人間は一体何のために生まれてきたのか？　答えのない答えを求めて、まずは先輩の人たちにこの疑問を投げかけてみることにした。でも、誰一人として、私のこの疑問に、心の底から満足が得られるような答えを与えてはくれなかった。そうした疑問は、単にはしかのようなもので、だれでも一度は考えるけど、自然におさまっていくものだとか、年をとれば自然に分かってくるものだといった、ありきたりの答えしか返ってはこなかった。

人に答えを求めるのをあきらめた私は、次に、仏教書や哲学書、さらには、論語や荘子といった中国の古代思想の中にその答えを求めて、これらの本を食い入るように読んでいった。しかし、そうした本の中にも、私の心の底から発せられている疑問への答えを見つけ出すことはできなかった。誰に聞いても、どこを尋ねても答えを得ることができないことを悟った私は、自らその答えを求めようと、私自身の心の内を探求していくことになった。今思うと、それは哲学していたことになるのだが、朝から晩まで、時間の許す限り、生きることの意味について模索する日々が続くことになった。

求めても、求めても、答えの得られない苦悩の中で、ともすると生きる力さえ失いかけた模索が四年ほど続いた頃であろうか、突如としてその答えが与えられることになった。もやもやとしていた生きることの意味が、理屈ではなく、直観的に分かったのである。それは、新たな命を与えられたような、心の底から分かったといえる何とも言えない喜びの瞬間だった。そして、そこにこそ人間の生きることの意味が、はっきりとした形で現れてきたのである。

そのことが契機となって、私の関心は、それまで行ってきた既存の理論の上に実用的なものを生み出していくという研究ではなく、心の底から納得できる本質的な研究に向けられることになった。重力はどこからやってくるのだろうか？　光の二重性の意味しているものはなんなのだろうか？　意識はどこから生まれてくるのだろうか？　生命とは一体何なのだろうか？　そうした本質的な研究に全力を注ぐため、二〇年近く係わってきた光の研究を離れ、まずは人間の心の研究へと新たな道を歩み始めることになった。そして、その手始めとして、人間の感性について研究を始めることにしたのである。感性とは一体何なのか？　そして、明るい、甘い、心地よいといったような感性を表現した言葉が一体いくつくらい日本語の中にはあるのだろうか、という単純な疑問から、そうした言葉を広辞苑から拾い出してみることにしたのである。

広辞苑を買い、朝から晩まで広辞苑を読む日々が始まることになった。始めの二日や三日は、好奇心も手伝って、そうした作業にも楽しみのようなものはあった。でも、四日、五日と過ぎるに従って、単純な作業を朝から晩まで続けていることに、疑問符が投げかけられるようになってきた。こんなことをしていて、はたして私はいいのだろうか？　このことから一体何が生まれてくるのだろうか？　ただ道楽的にやっているだけなら、感性を表現した言葉を集めただけで、そこにはある種の成果と喜びとが待っている。でも、一企業の研究所の中にあって、道楽は許されなかった。その先に、企業の将来のために役立つ何かが待っていなければならなかった。でも、これらの作業の終わりには、何も新たなものは約束されてはいなかった。

広辞苑を読み終わることが研究の終わりではなく、スタートラインに立つことでしかないという思いを抱えながら、まだ一合目までも読み進んでいない状況の中で、不安だけが広がってきていた。いまならまだ引き返すことができる。広辞苑を読むことをやめ、新たな研究に向かって考え直したほうがいいのではないか。そういった悪魔のささやきにも似た声が、次第に心の中から聞こえてくるようになっていた。

でも、私は頑張った。そうした悪魔の誘いに心を乱されながらも、とにかく最後まで読み切ろうという一念だけを抱いてさらに読み続けていった。単調さは、時として思いもかけないことに気付かせてくれるのだろうか。不安と単調な時が流れていく中で、広辞苑を読み始めて一週間余りが過ぎたころ、突然、私の心にひとすじの閃光が走った。その閃きが、私のその後の二〇年あまりの研究生活を支え、生命進化の真相へと導いてくれようとは思いもしなかったのだが、その時の驚きと喜びは、今でもはっきりと心によみがえってくる。それまでは、単に感性を表現した言葉として集めていた言葉一つ一つが、視覚や聴覚といった複数の五感と特殊な結びつきをしていることに突然気が付いたのだ。

たとえば、明るいという言葉は、普通、明るい光、明るい部屋というように主として視覚と係わって用いられているが、ただそれだけではなく、明るい声、明るい音といったように、聴覚とも係わって用いられていたのである。その一方で、明るい味とか、明るい肌触りといった言い方はしないように、味覚や触覚と係わって用いられることはほとんどないのだ。要するに、一つの言葉が、複数の感覚と特殊な係わりをもって用いられていたのである。

この発見に心を揺り動かされた私は、それまで集めてきた言葉が一体五感とどのような係わりにあるのか、自分自身の心と対話しながら調べてみることにした。すると、どうだろう、そこからは、ある規則的なものが見えてくるではないか。視覚と聴覚との係わり、視覚と触覚との係わり、味覚と嗅覚との係わりなどなど、普段何気なく使っている言葉一つ一つが、ある規則的なものに支配されながら使われていたのである。一見意識して使っているように思える言葉一つ一つが、無意識の世界に秘められたある規則にしたがって使われていたのである。

一つ一つの言葉は、単に感性を表現しているだけなのに、そうした言葉をたくさん集めていくうちに、私の無意識の世界に眠っていた法則のようなものが、まるでジグソーパズルのピースを並べていくうちに、全体像が一瞬のうちに見えてくるように、突然目を覚ましたのであろう。この発見は、私の心を根底から揺さぶりかけ、この先にはきっと何かがあるという直感をもたらしてくれた。本書で述べる私の研究の発端は、この時に始まったといっていいであろう。

突然の閃きで見えてきた言葉と五感との係わりは、私だけのものなのだろうか。それとも他の人たちも同じような係わりを抱いているのだろうか。そんな疑問と好奇心とに包まれた私は、とにかく、私以外の日本人はもちろんのこと、異なった言語を使うさまざまな民族について、この関係を調べてみることにした。この調査は、まずは北海道から沖縄までの日本人から始まり、世界二一カ国二八の民族に及ぶことになり、それらの結果は、私をそれまで想像もしたことのない不思議な世界へと導いてくれることになった。その調査から浮かび上がってきたものは、人間誕生にまつわる神の置き土産とでも表現できようか、人が一体いつから現代人のような心を持つ人になったのか、まさにその人間誕生の秘密を解き明かしてくれるものだったのである。

この調査結果の分析から、言葉と五感との係わりに民族性があり、それが遺伝と深く係わり、考古学的な世界を秘めていることが分かってきた。普段何気なく使っている言葉が五感と特殊な係わりをしているというそのこと自体が、今を生きる私たち一人ひとりの心の底に秘められた数万年前の私たちの祖先の心の遺跡だったのである。そして、その心の遺跡は、人がいつ人になったのか、そして、それがダーウィンのいうような突然変異と自然淘汰によるのではなく、もっと違ったものによって引き起こされたものであることを語りかけているのである。

考古学、遺伝学、言語学、深層心理学、生物学、古生物学そして進化学などといった分野に関しては、まったくの門外漢であった私が、言葉と五感との係わりの発見によって、そうした世界に自然に導かれていくことになった。そして、私の調査したデータをもとに、改めて人間の誕生、種の誕生を考えてみるとき、生命の進化が、ダーウィンの進化の学説のようには行われていないことが分かってきた。私のデータから推測される人間誕生のドラマと、そこから導き出されてきた生命進化の真相は、ダーウィンが『種の起原』の中で自身の学説に対して抱いたいくつかの難問を難問ではなくしてくれるし、古生物学の世界で謎とされているカンブリア紀の爆発や、数百万年、数千万年の間ほとんど変化のなかった種が、突然新たな種へと変化するという断続平衡の現象をも謎ではなくしてくれるのだ。

そして、こうした探求の結果が示しているのは、種の誕生が、ダーウィンの言うような、突然変異と自然淘汰という四次元の世界の因果に則ったものからではなく、時空を超えた世界と係わり、森羅万象の内を貫く全体を一つに調和させようとする統合力との係わりから生まれてきているということである。そして、その統合力の存在は、単に生物の進化と係わっているだけではなく、ビッグバンから始まるこの宇宙の誕生から、人間の抱く道徳心まで一貫して貫かれているのである。

本書では、こうした私の探求結果をもとに、人間誕生の秘密、そして、そこから見えてきた生命進化の真相について述べていくことにするが、本書は、第Ⅰ部と第Ⅱ部に分かれている。第Ⅰ部は第一章から第五章までで、私の行ってきた探求結果を基本に、ダーウィンの説く進化の学説と比較しながら、人間の誕生の秘密を明らかにする。第Ⅱ部の第六章から第十章までは、第Ⅰ部で明らかにされた人間誕生に込められた生命の営みを基本に、生命進化の真相にせまることにする。

第Ⅰ部 ◉ 人間の誕生

第一章　生物の進化にまつわる謎

1　人はいつから人になったのか

芭蕉は、一つの俳句の中に、変わらないものと、変わるものとを織り込むことで、その俳句が命の宿った生き生きとしたものになってくるとして、不易流行の世界を作り出した。

秋深き隣は何をする人ぞ

暑い夏が過ぎ、次第に木の葉も色づき、そして散り、秋が静かに深まっていく。寂寥とした世界の中で自然に物思いにひたってくる秋、その心を秋深きという言葉は表現しているのであろうが、その心は、今を生きる私たちの心でもあるし、一〇〇年前、一〇〇〇年前に生きていた日本人の心でもある。そんな情緒豊かな心は、人間だけが持つ不易な心なのであろうが、その人間の心を一体いつから人類は抱くようになったのだろうか。

今から一〇〇〇年ほど前に書かれた源氏物語の優美な世界は、今でも現代人の心をとらえて離さないし、二〇〇〇年以上も前に語られた仏典や聖書の一つ一つの言葉や中国の古代思想の中には、今を生きる私たちの心を聖なるものへと導く言葉であふれている。こうしたことを思う時、人間の心そのものが、一〇〇〇年や二〇〇〇年で変わるものではないことを改めて気付かせてくれるが、では一体そうした心はいつ誕生したのであろうか。

ダーウィンの学説に従うならば、突然変異と自然淘汰とを繰り返しながら、類人猿的なものから、段々と現代人のような高度な精神世界を持った人へと進化してきたことになるが、少なくとも、数千年の間を見る限り、現代人が、数千年前の人類よりも、精神的に進化しているとは思えない。もちろん、現代社会は、高度な先端科学技術によって、昔なら想像もできなかった文明社会を築き上げてきている。でも、それは、もともと持っていた人間の能力が、環境の変化の中で開花したということであり、人間の持つ能力そのものが進化したということではないだろう。

もし、文明の進歩が、種としての人間の本質的な能力の進化を物語るのであるなら、パソコン、インターネット、スマートフォンといったもののなかったほんの数十年前の人たちよりも、現代人のほうが、進化した心を持っていることになってしまうのだが、ほとんどの人はそうは思わないであろう。やはり、文明は発達したとしても、その根底に流れている基本的な人間の心は、一〇〇〇年、二〇〇〇年の間では変化しなかったといえるのではないだろうか。では、一体、いつから人は人になったのであろうか？　そして、それは、ダーウィンが考えたように、少しずつ変化してきたものなのだろうか？

フランス南西部、ドルドーニュ県、ヴェゼール渓谷にあるラスコー洞窟には、今から二万年以上も前に描かれた壁画が残されているが、その壁画を目の当たりにした版画家エッシャーは、その時の印象を知人にあてた手紙の中で次のように語っている。

ごらんなさい。野牛の頭が岩壁の上に現れます。生き生きとして、まるで動いているようです。まるで濡れた鼻頭が震えているようです。私たちの同胞が、こんなにも強い情感を持つ野牛を描き出したために、私たちを彼から切り離している七百世紀や一千世紀の時間距離が、ほとんど無に等しいまでに縮んでしまうのです。彼がどんな様子をしているのか、本当に私たち自身の同胞なのか、私たちには問題ではありません。彼を「原始人」と呼ぶことに、どんな意味があるのでしょうか。彼は本当に私たちより劣っているのでしょうか。私たちは彼より物事をうまくやれるのでしょうか。私たちが彼以上に「進歩している」と、はっきりといい切れるのでしょうか。私たちが敬意を払っている偉大なる人物、いかなる時代のすぐれた彫刻家でも、人生を彼以上に鋭く、彼以上に強く描き出すことができたのでしょうか（1）。

洞窟の壁という、絵を描くには極めて不完全なカンバスではあるけれど、そこに描かれた絵は、現代の芸術家をしても、なかなか描くことのできない表現力に満ちていて、数万年という時の流れを感じさせることのないものだ。エッシャーの表現を借りるならば、私たちが彼ら以上に進歩しているとはっきり言い切れるのだろうか。たぶん、エッシャーの感じたように、数万年前に生きていた私たちの祖先も、現代の私たちと同じ心を抱いて、必死に生きていたのではないだろうか。

では、一体いつから、人類は、現代人と同じ心を抱いてこの地球上に登場したのだろうか？この問題は、人類の進化を探求している考古学の最重要課題の一つなのだが、その考古学の世界で、今この人類の進化と係わった一つの大きな謎に考古学者たちは直面している。それは、人類が現代人のような心を持ったことを証拠づけるものとして、先に述べたラスコーの洞窟壁画のような絵画や彫刻、さらには、文明の利器としての緻密な道具が、今から五万年前頃を境にして、突然のごとく現れてきていることである。

ダーウィンの進化の学説に従うならば、人類は、猿人から少しずつ進化してきたもの。だとするなら、道具の発明にしても、文化的産物にしても、そこには、ある程度の漸次的変化の痕跡があってもいいはずである。ところが、人類の文化的活動を物語る絵画や彫刻、さらには思考をこらした道具といったものが、どうしても、そこには断絶があったとしか言いようのないほど、突然のごとく現れてきているのである。考古学者たちは、この五万年前頃を境にして、突然のごとく現れた人類の文化的営みを文化的爆発と呼び、この時期、人類の精神世界に何らかの大きな変化があったものと推測してきた。ただ、その変化が一体何であったのか、そして、それは、はたしてダーウィンの進化の学説によって説明できるものなのか、まだ深い謎に包まれたままなのだ。

本書の主題の一つは、この謎に現代人の心に残された心の遺跡をもとに迫ることであるが、その前にまずはダーウィンの進化の学説を振り返り、それが抱えているいくつかの問題点を見てみることから始めることにしよう。

2　ダーウィンの進化論への疑問

同じ親から生まれた子供であっても、個体間には差異がある。そのちょっとした個体間の差異が、その生物が生きて行く上で有利に働くならば、その差異を生み出す変異を遺伝としてもったものは生き残りやすくなる。このため、その変異が子子孫孫にまで伝えられて行く確率は高くなる。長い時の流れの中で、こうした有用な変異が積み重ねられることで、単純な生物が複雑で多様な生物へと進化してきた。というのがダーウィンの考えた種の起原である。

ダーウィンの『種の起原』が出版されたのは一八五九年、当時は人間も、そしてあらゆる生物も、すべて神によって創造されたという聖書に書かれていることが絶対的なこととして、多くの人に信じられていた時代であったから、ダーウィンの考えは、始めは大きな抵抗にあった。しかし、一方で、自然を論理的に理解しようとする科学の発達し始めていた時代でもあったために、単純な生命体が、時の流れの中で少しずつ変化して、新たな種を生み出してくるという極めて論理的なこの学説が、次第に科学の世界、そして一般の人たちの中に受け入れられるようになっていった。

そして、メンデルによる遺伝のメカニズムの発見を契機として、遺伝学が発達し、変異と遺伝との係わりが次第に明らかにされてくるに従って、ダーウィンの説は、ますます確固たる地位を築きあげるようになった。特に、一九五三年にＤＮＡの構造が明らかにされ、ＤＮＡの変異が生物の形態の目に見える変化として現れ、それが遺伝されていくことが明らかにされてくるにおよんで、ダーウィンの説はゆるぎないものになってきた。そして、ＤＮＡの構造の発見者の一人であるワトソンをして

ヒトゲノム計画により、ダーウィンの説は、ダーウィン自身が夢見たであろう以上に正しかったことが証明された(2)。

と言わしめるまでになり、現在、ほとんどの科学者が、このダーウィンの進化の学説（以下進化論と呼ぶことにする）を基本的には受け入れるまでになってきた。

しかし、その一方で、これから述べるように、古生物学や考古学の世界においては、古生物の

進化や人類の進化が、ダーウィンの進化論によっては説明しがたい事実として浮かび上がってきているし、分子生物学の分野においても、様々な種のもつゲノムの構造が明らかにされてくるに従って、必ずしもダーウィンの考えたようには種の進化、新たな種の誕生は起きてはいなかったのではないかという疑問が投げかけられるようになってきた。

例えば、一つの遺伝子が一つの機能だけを形づくるものとして用いられているのではなく、同じ一つの遺伝子が、いくつか異なる機能を形作るのに用いられていたりと、単に遺伝子の違い、すなわち変異の蓄積が種の異なりを生み出しているのではない、ということが明らかにされてきている。また、生物のさまざまな機能一つ一つが、極めて統制のとれた高度なシステム構成になっていることが分かってくるに従って、そうした精巧なシステムが、はたしてランダムな突然変異と自然淘汰ということだけで生まれてきているのだろうかという新たな疑問も湧きあがってきている。

3　ダーウィンの進化論は種の誕生を正しくとらえているのであろうか

科学の台頭する近代社会においては、ダーウィンの説く、生存に有利な突然変異が漸次的に蓄積され、やがて新しい種へと進化するという推論は論理的であるし、理性には快く響く。その快さにひかれて、フィッシャー、メイナード・スミス、そしてドーキンスといった進化生物学の世界にその名をとどろかせる数々の学者達が、これまでダーウィンの進化論に、より堅固な基盤を作り上げてきた。しかし、もし、漸次的に生物が進化してきたのだとすると、あらゆる生物の中間的なものが無数に存在していてもいいのに、この世に生息する生物は、犬や猫といったようにはっきりと種として分かれていて、中間的なものが存在していないのは一体どうしてなのだろうか。

この疑問は、ダーウィンの『種の起原』が発表されて以来繰り返し問われてきたし、今ではもう言い古された問いとして化石化しつつもある。でも、たとえその疑問が専門家の間では化石化してしまったものであったとしても、専門家ではない一般の人たちが、ダーウィンの説く進化論を基本に、生物の進化、人間の誕生を考える時に必ず浮かび上がってくる素直な疑問であることは確かであろう。ダーウィン自身もこの疑問を抱き、『種の起原』の中で、自身の学説に対する問題点の一つとして、次のような疑問を投げかけている。

もしも種は他の種から認知しがたい微細な漸次的変化によって生じたものであるとすれば、いたるところに無数の移行型が見られないのはなぜであろうか(3)。

しかし、ダーウィンは、この本質的な疑問に対して、もとの種類も、すべての移行的変種も、一般にはまさに新しい種類の形成および完成の過程によって絶滅させられてしまった(4)。

と、現在、この世に生息している生物は、全てが完成されたものであって、そこに至るまでの中間の生物は全て絶滅してしまっているから、無数の移行型を現実の世界に見ることができないのだと考えた。

でも、ダーウィンが述べるように、個々体に生じる小さな変異が、その個体が、そして種が生存していく上で有利なものは、種の中に遺伝として組み込まれ、そうした生存に有利な変異が蓄積され、やがて新しい種に変化していくとすると、その変異は今でも絶えず起きていてもいいはずである。だから、例えば、人の進化においても、ユーラシア大陸をはさんで西と東の島に、一万年以上もの間別々に生活し続けてきたイギリス人と日本人との間には、異なった気候風土の下で、年々歳々異なった変異が生まれ、それらが蓄積されてきたであろうから、この二つの民族の間には、いくらかでも認知可能な種としての変異があってもいいように思える。

でも、イギリス人と日本人の間には、顔かたちの異なりはあったとしても、種を根底から変えてしまうような異なりは生まれてはいない。イギリス人も日本人も、共に言葉によるコミュニケーションを行い、共に複雑な機械を生み出し、それらを操ることのできる能力を秘めたヒト種として何ら異なるところはない。また、先に述べたように、二万年以上も前に生きていた我々の祖先が、現代人も驚くほどの芸術性豊かな壁画を残していて、そこには、二万年という時の流れを感じさせない現代人と共通した知力の存在を感じさせてもいる。

ただ、一万年や二万年では顕著な異なりが見られないのだとするならば、古代の生物の化石を蓄積している大地を発掘してみると、そこには、ある種から次の種へと移行する無数の移行型が見られてもいいはずである。ところが、これまでその痕跡をはっきりとした形で発見することはできてはいない。

もちろん、考古学においては、数百万年の時の流れの中で、人類の進化の過程を物語る人骨化石が発見されてきたり、古生物学の世界からは、鯨が陸上生物から進化したことを物語る脚を持った鯨の化石が見つかったり、さらには、鳥が恐竜から進化したことを裏付けるものとして、羽をもった恐竜の化石も発見されてきたりして、漸次的な移行を推測させる結果がいくつか現れてきてはいる。しかし、それらは、断片的な移行型であり、漸次的に移行する無数の移行型を探りあてるまでにはなってはいない。ダーウィン自身もこのことに気付いていて、

この学説によれば、無数の移行型が存在したはずであるのに、なぜわれわれは、それらが地殻の中に数かぎりなく埋まっているのを発見しないのであろうか(5)。

と、自らに問いかけている。しかし、この問いに対しても、ダーウィン自身、それを地質学的

記録の不完全性によるものだと考えた。すなわち、種の変化は何百万年、何千万年という時の流れの中で起きてくるもので、そうした長期にわたって保存されている地質学的記録を見つけ出すことができていないから、地層の中に種の移行の過程を見つけることができないというのだ。しかし、近年の古生物の研究から化石記録の全容が次第に明らかにされてくるにしたがって、ダーウィン自身が、自身の学説に対して投げかけていたこうした疑問が、ダーウィンの学説に対する新たな問題として浮かび上がってきている。

この問題に関しては、後ほど詳しく触れることにするが、古生物の化石記録からは、どうみても、ダーウィンのいう漸次的進化を示すはっきりとした痕跡をつかみ取ることができないのだ。むしろ、種は何百万年、何千万年という長い間、極めて安定であり、その長い安定期の後、突如として新たな種が現れてきているのである。

確かに、ダーウィンが述べているように、個々体には、時として変異が生まれ、その変異がその個体の、そして種の生存にとって有利であるものは保存されていくことは日常見ることができる。ダーウィン自身も実際に行っていたハトの飼育や植物の栽培において生まれてくる多様な品種は、まさにこうした変異の蓄積によっている。でも、古生物の化石記録が物語っているのは、どんなに長い時間をかけても、一つの種は種内では変化こそすれ、その変化が新たな種にはたどりついてはいないという事実である。

同じ人類でも、それぞれの民族が、それぞれの生活する地の気候や風土に合った体質に遺伝形質を変えてきていることは確かであるが、そのことが人としての種を変えることにはなってはいないし、ハトに代表される飼育による変異にしても、確かに人の好みにあったような形質にハトを変えることができても、ハトはハトのままだし、作物の品種改良にしても、作物の特性を変えることはできても、種は元の種のままなのだ。

すなわち、我々が日常目にすることのできる変異は、同種の中の個体差であって、その個体差が新たな種を生み出すことには遭遇してはいないということだ。それにもかかわらず、ダーウィンやダーウィンの進化論を信奉する人たちは、ハトならハトという同種内の個体間で起きている個々の変異を漸次的変化として直線で結び、その直線の延長上に新しい種を位置付けて、種の誕生が、突然変異と自然淘汰による漸次的進化によってもたらされたものと結論づけているのである。

4 フィンチの嘴と進化論

このことは、ダーウィン以降のダーウィン進化論信奉者達によって繰り返し行われてきた。その中でも有名なのが、「フィンチの嘴」として話題になった観察結果である。それは、ガラパゴス諸島において、約二〇年の間、そこに生息するダーウィンフィンチ類の嘴の長さや幅に関する観察を続け、ダーウィンの進化論の正当性を示したとする研究結果である。

ガラパゴス諸島は、南アメリカ、エクアドルの西方、約一〇〇〇キロメートルの太平洋上に浮かぶ大小合わせて六〇にものぼる島々からなり、ダーウィンのビーグル号航海記に紹介されてから、特異な生物相が生息することで有名になった諸島である。そこには、ダーウィンが「ひときわ特異な鳥」として表現したフィンチが一三種類生息している。

ガラパゴス諸島は、旱魃が時として発生するが、その時には、フィンチの主食である種子の数が減少し、残った種子の大きさと堅さとは日増しに大きく堅くなっていく。そのために、大きくて堅い種子を食べることのできないフィンチは、生命を維持することができなくなってしまう。だから、フィンチの中で、大きくて堅い種子を食べることのできる嘴の大きなものだけが生き延びることになった。その結果、嘴の大きなフィンチが生まれることになり、旱魃を境に、フィンチの嘴は四~五パーセント太くなった。そして、その嘴の大きさは、異なる種の嘴の大きさに近づくことになった。この変化をもって、ダーウィンの説くその種にとって生存するのに有用な変異が蓄積され、自然淘汰を受けながら、新たな種へと進化するという進化を証明しえたとしている(6)。

ところが、この長期にわたる探求において、確かに嘴そのものは、生存にとって有利な方向へと自然淘汰を受け、新たな種の誕生を予想させる方向に動いてはいるけれど、それは先に述べたように、同種内での変異であって、そのことによって種が変わったという事実は、厚いベールに閉ざされたままなのだ。

確かに、ガラパゴス諸島には、種の異なるいくつかのダーウィンフィンチ類が生息していて、この研究で行われたように、A種のフィンチの嘴が、環境の変化によって、B種のフィンチの嘴に近づいたという観察結果は得られている。しかし、だからといって、その二〇年の観察の中で、A種のフィンチがB種のフィンチに変化したという事実は観測されてはいない。A種はA種のままなのだ。

さらに、このことはあまり話題になってはいないのだが、その旱魃が過ぎて、また豊かに種子が実ってくると、小さな嘴のフィンチが再び盛り返してきて、大きくなった嘴は、もとの嘴に戻ってしまったのだ。すなわち、こうした変化は、環境の変化に伴った種内での変化であって、その変化が種を変えるものにはなっていないということである。それにもかかわらず、この研究に取り組んだ研究者達は、このA種の中での個体の変異を直線的に結びつけ、その延長上にB種への種の変異を位置付けているのである。そこでは、A種とB種との間にあるかもしれない乗り越えがたい種間の断層を直線的延長ということで簡単に乗り越えさせてしまっているのである。

同じことがDNAの探求においても見られる。先に紹介したDNAの二重らせん構造の発見者のひとりワトソンが、DNAの探求によってダーウィンの進化論が正しいことが証明されたとしているのは、全ての生物が、よく似た遺伝子をもっていることの発見によっている。例えば、人のタンパク質で解明されているドメイン（特定の機能や特定の三次元構造を持つアミノ酸の鎖）の約九〇パーセントは、ショウジョウバエや線虫のタンパク質にも存在しているし、人とチンパンジーの遺伝的異なりは、高々一、二パーセントに過ぎない。すなわち、下等生物と高等生物の遺伝子の類似性を、下等生物から高等生物への進化の証拠として、ダーウィンの進化論の正当性が証明されたと、暗黙のうちに思い込んでしまっているのである。しかし、これらの結果は、後ほど述べるように、ダーウィンのいう進化論とは全く別の生命進化の有り様を示す重要な証拠にもなりえるのである。

要するに、これまでの観察や実験において、同種内での個体の変異が、漸次的に変化を引き起こしているという事実は観測されても、そのことが、変異と自然淘汰によって漸次的に種の変化をもたらし、新たな種を誕生させたという証拠にはなっていないし、たとえ下等生物と高等生物との間の遺伝子の類似性が認められたとしても、そのことがすぐにダーウィンのいうような進化論を物語るものではないということだ。

ただ、根強いダーウィン進化論信奉者たちは、こうした事実にもかかわらず、長大な時間を武器にして、その正当性を保持しようとし続けている。すなわち、種の誕生というのが、何十万年、何百万年という長い時間の中で起きているのであるから、我々が生きている時間の中で目にできることは漸次的変化だけであり、種が新たな種へと変化していることを目にすることなどできないのだと。そして、この短期間の中で、環境の変化などによって部分が変化することこそ、進化の一断面をとらえた証拠であると考え続けているのである。

ただ、そうした中でも、ダーウィンの説く進化論は、古生物学の研究やＤＮＡ、遺伝子といった分子生物学の研究が発展するにつれて、現実の世界で起きていることと矛盾したり、その学説では、高度に仕組まれた生命活動の営みを説明することのできない壁にぶち当たってきていることも確かである。

5　種の誕生は交配によってもたらされたものなのか

種の誕生を考える上で極めて重要な問題の一つに、交配との係わりがある。一個体に起きた生存に有利な突然変異が、交配によって漸次的に種内に蓄積され、その結果として最終的に、交配によって新たな種が誕生してきたことが実証できれば、ダーウィンの説く進化論の正当性が高くなるであろうが、これまで、そのことの確固とした証拠は得られてはいない。

確かに、先に述べたように、二〇年にわたるダーウィンフィンチ類の観察によって、フィンチの嘴が次第に変化し、異なる種の嘴に近づいたことは確認されてはいるが、でも、そのことによって、全く新しい種が誕生したということは、推測しえても観測できてはいない。

もちろん、進化の問題を実験室上で再現できるなどと、誰も思ってはいないであろうが、生命の進化をこれまでの科学的な視点でとらえようとしているダーウィンの進化論を納得させるためには、そのことを科学的に実証する必要があることも確かであろう。

ダーウィンが種の誕生を進化として理論化する上で問題とした点もまさにこの交配と係わる異

種間の不稔の問題であった。いくつかの例外はあるものの、この地球上に生息する何百万種ともいわれる多様な種が、異種間では交雑しない（不稔）という事実は、種の誕生を考える上で極めて重要なポイントである。

というのは、どんなに変異が蓄積されたとしても、それが生き延びていくためには、交配可能な元々の種の中に組み込まれていなくてはならないからだ。そうでないと、全く異なる種が誕生したとしても、それは一個体の誕生となって、子孫を残すことができないからである。一歩譲って、もし、新しい種となる個体が多数、ほとんど同じ時期に誕生したとすると、今度は、新しい種の保存は可能になるかもしれないが、相互に交配ができないような種の異なりが、一世代の中で、あちこちに誕生するという、進化論者にしてみれば、不可思議なことを受け入れなくてはならなくなってしまうであろう。もし、そうだとすると、それはまさに新しい種の誕生であって、突然新しい種が誕生したことになり、それはダーウィンの説く漸次的進化ではなく、むしろ、あらゆる種は、神によって創造されたものという創造論に近いものになってしまうであろう。

ダーウィンは、この難点を切り抜けるために

徐々に獲得された諸変化、ことに交雑された種類の生殖系統に多くおこる変化にもとづく偶然的なもの（7）。

と、偶然という一言の中に不稔性の問題を埋め込み、不稔性というのが、種に特別に付与された性質ではなく、すなわち、種は始めから他種との間で不稔性をもった存在として誕生してきたのではなく、変異と自然淘汰によって生まれてきたのであると考えた。でも、そこからは、ダーウィンの息苦しさが伝わってくるような違和感が私には感じられてくる。この異種間での不稔の問題と進化との係わりに関しては、種分化による変異と自然淘汰の結果であるという考えも提案されてはいるが、決定的な答えは得られていないというのが本当のところであろう。

我々が日常目にすることのできる新たな生命の誕生は、必ず交配という原因があって起きてくる。これは、現実の出来事であり、それはゆるがすことのできない事実である。だから、種の誕生にしても、どうしても交配を前提にして考えられてきてしまった。だから、小さな変異が交配によって子々孫々に伝えられ、それが大きな変化を生み出し、新たな種へと変化していくというシナリオしか作れなくなってしまうのだが、はたしてそれは真実なのだろうか？

6　種の誕生は漸次的変化によるものなのか

科学を絶対的なものとして信じてしまっている人達にしてみれば、ダーウィンの説いた進化論は、我々が日常親しんでいる時空の世界で、はっきりととらえることのできる論理性に富んでいることはまちがいない。

確かに、単純な生命体に起こる変異が、その生命体の生命維持にとって有利に働くような変異であるならば、その変異をもった個体は生き残りやすくなり、それだけ他より生命を維持しやすくなる。そして、その変異と自然淘汰によって、長い時間をかけて漸次的に、単純な生物から複雑で高等な生物が誕生してきたというのは論理的であるし、先に述べたように、時空の支配する中で物事の変化を見続けてきている一般の人たちには受け入れやすい。

私自身も、まだ三〇代はじめの頃、進化とは全く係わりのない異分野の研究をやっていた時、同僚の一人にクリスチャンがいて、彼が創造論を語った時に、その考えに反論して、ダーウィンの進化論のことなど全く知らなかったのに、単純な生命体が、ゆっくりと変化しながら何百万年、何千万年という時を経れば、人間だって誕生してくるにちがいないと意見を述べたことを覚えている。

単純な生命体が、時間をかけてゆっくりと変化し、様々な生物へと進化してきたというシナリオは、身近に起きている機械や道具の発達、あるいは人間の作り上げてきた歴史と重なり合って、極めて論理的で分かりやすいことは確かである。遠く離れた人との間では、手紙でしかやり取りできなかった互いの情報が、電報になり、電話になって、よりスピーディーになってきていて、現代社会においては、その電話が携帯電話へと発展し、誰もが、いつでも、どこからでも語り合うことのできる環境が出来上がってきている。

この通信手段一つを取り上げても、そこには、単純なものから漸次的に新しく高度なものへと進化してきている様子が手にとるように分かる。その分かりやすさが、生物の誕生にしても、単純なものから複雑なものへの漸次的進化として考えることを容易にさせ、そのことが真実であると思い込ませてしまう我々の思索基盤になっている。ところが、その漸次的に思えるプロセスを少し離れてみてみると、そこには、手紙から電報へと進化する時にも、電報から電話へと進化する時にも、そして、電話から携帯電話へと進化する時にも、一つの飛躍があることが分かる。

電報の誕生にしても、手紙の形が少しずつ形を変えて、やがて電報になったのではない。電報が誕生してくるには、電波の発見がなければならなかったし、その電波に情報を乗せる方法についての発明がなければならなかった。そこには、手紙そのものとは全く係わりのない電波の発見という事実が隠されている。そして、その電波の発見にしても、電波に情報を乗せる方法の発明にしても、そこには人間のもつ創造性が見えざる働きをしている。我々が、生物の進化を人間の文明の進化と係わらせながら議論していく時に、見逃してはいけないことは、漸次的に思える進化の陰にある人間の創造性である。どんなに緩やかな発展にしても、少なくとも人間の作り上げているものには、人間のもつ創造性が関与している。そして、そこには、直線的ではない進化の形がある。

でも、だからといって、生物の誕生が、神の創造によるものであると、単純に結論付けるつもりは全くない。ただ、時として生物の進化を人間の作り出した文明と対比させて、それが漸次的進化であると結論付けてしまうことの危険性について、ちょっと指摘しておきたかっただけである。というのは、部分の変異が積み重ねられて新たな種が誕生するとしたダーウィンの進化論は、上でアナロジー的に述べた人間の作り上げた文明の様態を持ち出して説明されることがままあるからである。

しかし、その人間の作り上げてきた文明の発展が、ミクロ的にみれば漸次的発展として見えてはいても、マクロ的にみれば、そこには人間の創造性と係わった飛躍があるのと同じように、ダーウィンのいう漸次的進化をマクロ的に見ていくと、理論の飛躍があることに気付かされてくる。

7 断続平衡現象が物語る生物進化の謎

新たな種の誕生を考える上で、極めて重要になってくるのは、地質学的な生物化石の記録である。特に海洋性生物は、死ぬと海底に沈み、その上に砂が堆積して、海底の地層には、時代時代の生物の化石が堆積していくことになる。この地層が、ある時隆起することによって地上に顔を出してくると、我々は地層の中に堆積した生物化石を化石記録の博物館のように見ることができる。

もし、ダーウィンの言うように、新たな種が、古い種の中に生まれた変異が、自然淘汰を受けながら、漸次的に変化することによって誕生してきたのだとすると、この化石記録には、種の漸次的変化と、それに引き続いて起こるであろう新しい種の誕生の様子が残されていてもいいはずである。ところが、先に若干触れておいたように、これまでの化石記録を見る限り、種は何百万年、何千万年という長い間、ほとんど変化してはいないのだ。こうした事実に直面している古生物学者の間では、種は、変化を好むよりも安定を好んでいるようだと考えられてきた。そして、新しい種は、それ以前の種の長い安定の時期の後、ほとんど突然といってもいいほどの短期間に誕生してくるのである。こうした化石記録に基づいて、古生物学者であったエルドリッジとグールドは、この現象を断続平衡と名付けた。その断続平衡の名付け親の一人であるエルドリッジは、

私はダーウィンと同時代の古生物学者にもよく知られていた現象を再発見したのであった。すなわち、種は基本的には安定した実体だということである(8)。

と述べ、種が基本的には安定しているという現象が、すでにダーウィンの生きていた時代の古生物学者の間でも知られていたことを語っている。

確かにダーウィン自身もそのことに気付いていて、

これまでのいろいろな考察によれば、地質学的記録は全体としてみた時極度に不完全であることを疑いえない。しかし、もしもわれわれの注目をどれか一つの岩層にかぎるならば、その岩層のはじめと終わりに生存していた近縁の種間に、ごく漸次的に推移する諸変種がそこ

に見いだされないのはなぜかということを理解するのは、いっそう困難なことである(9)。

と、自身の学説と地質学的記録との間にあるギャップに難色をあらわにしている。しかし、その一方で、この難問も、ダーウィン流の博識と論理的推論によって、

どの岩層も長大な年月の経過を示すものではあるが、おそらくそれらのどれも、一つの種が他の種に変化するのに必要な期間にくらべれば短いものである(10)。

として、新たな種が誕生するのに必要な期間だけ十分に長く保存されている岩層など存在してはいないと、地質学的記録の不完全さが、種の漸次的変化を十分にとらえきれていないからだと結論付けている。しかし、ダーウィンの生きていた時代から一〇〇年以上の歳月が流れ、その間に蓄積されてきた古生物の探求結果においても、先のエルドリッジが指摘しているように、種は極めて長い間安定していて、新しい種は突然のごとく現れてきているのである。

ダーウィンは、種の誕生が、変異と自然淘汰による漸次的進化によってもたらされることを自身の身近に起きている生物世界の現象の観察に基づいて推論しているのであるが、その推論に執着するあまり、地質学的記録に関しても、事実を事実として受け入れるのではなく、その事実に対して、自身の学説に合うように苦しい解釈を作り上げてしまったのである。その解釈は、ダー

ウィンの想像性の豊かさを物語るものであり、確かにそうかもしれないと、読者に思い込ませてしまうような論理性に富んではいるが、原点にかえって素直に事実に目を向けるならば、ダーウィンの学説を正当化するにたる化石記録にめぐり合えていないということの方が、むしろ批判されるべきものであることが分かってくる。

すなわち、化石記録に残されているものを素直に見る限り、そこには、古生物学者達が述べている「種は極めて長い間安定であり、その長い安定状態の後、突如として新しい種が現れてくる」という事実を事実として受け入れた上で、種の誕生について再考する必要があるということだ。まさにこのことをエルドリッジは『ウルトラ・ダーウィニストたちへ』という著書の中で繰り返し述べている。そして、その中で、ダーウィンの進化論に対する疑問点を投げかけながら、種が長い間あたかも静止しているかのように安定な状態にあることを基本にして、

> 静止が教えてくれていたのは、結局古きダーウィニズムが描く進化の描写がすべて正しいわけではないということだ[11]。

として、ダーウィンの進化論を継承するダーウィニストたちに改めて種の誕生の再考を迫ろうと試みている。

さて、そのエルドリッジがダーウィンの進化論をもっとも強く継承する一人として挙げている

のに生物学者ドーキンスがいる。彼は、いまや研究者としてよりも、ダーウィニストとしての著作家として、その地位をゆるぎないものにしているのだが、その彼が、この断続平衡について、どのような見解を示しているのかというと、ダーウィンと全く同じように、この現象までも漸次的変化の中に組み込めるとして、次のように述べている。

祖先種から子孫種への「移行」が急激でとびとびに見えるのは、単純に、われわれがどこか一つの場所から出た化石の系列を見ているばあい、おそらく進化上の出来事の一部始終見ているわけではないからだ。そうではなく、われわれは移動上の出来事、別の地域からの新種の到達を見ているのである(12)。

として、古生物学者が発見する化石種の長い安定状態の後の突然の変化を、元々一つであった種が、地理的条件(ドーキンスはこれを山の向こう側とこちら側という二つの環境の異なりとして表現しているが)によって二つに分化し、やがて、山の向こう側に生活することになった種が、漸次的に進化を起こし、新しい種となって、山のこちら側にもどってきたためであるとしている。

そして、

進化的な移行状態が化石に記録されているのを見届けるつもりなら、別なところ、このばあいは山の反対側を発掘しなければならなかったのだ(13)。

と、古生物学者たちの見ている地層が、漸次的進化が記録されている地層を発掘しえていないのだと結論付けている。でも、一〇〇年以上もの間、古生物学者たちによって発掘されてきている地層に、漸次的進化の記録が残されていないことを全てドーキンスの言う理屈で片付けることはできないし、ドーキンスの言う理屈なら、元々の種と帰ってきた新しい種とが混在していてもいいはずである。するとドーキンスのことだから、また、帰ってきた新たな種の方が、生存に有利な力を持っているだろうから、古い種を絶滅に追いやったのだ、といったような理屈を述べてくるにちがいない。

こんな議論は、茶番劇のようで、いつまで続けていても終わりはないのだろうが、重要なことは、古生物学者たちの発見している化石記録(長い静止の状態と、その後の突然の変化)の事実であって、それを漸次的進化の理屈に合わせることではない。ダーウィンにしても、ドーキンスにしても、現象をあるがままに見るというのではなく、始めに自説ありきとして、その自説に合うような解釈を展開しているのである。もちろん、仮説を作り、その仮説に合うように現象を解釈していくことも必要ではあるが、その解釈があまりにも現実から遊離した解釈であると、純粋にものを見る目を曇らせてしまうことになる。

8 カンブリア紀の爆発に秘められた生物進化の謎

古生物学の世界で、断続平衡の現象と同じように、ダーウィンの進化論では説明がなかなかつかないもう一つの現象がある。今から五億四〇〇〇万年ほど前、世界中のあちこちに、突然のごとく、多様な生物が誕生し、現在生存しているほとんどすべての生物の基本となる形態（門）が、この時期、わずか数百万年の間に作り上げられていたという古生物化石群の発見である(14)。

古生物学者たちは、この生物の突然の誕生をカンブリア紀の爆発と呼んでいるが、一体どうしてこの時期に、突然のごとく多様な生物が誕生したのか、まだ深い謎に包まれたままなのだ。もちろん、数百万年というのは、人間の一生からしてみたら想像もできないほど長い期間なのだが、古生物学の世界から見たら、それは、ほとんど一瞬の出来事のような期間なのだ。というのは、古生物の発掘によって明らかになってきているように、数百万年程度の期間では、一つの種が、新たに誕生するかどうかの変化しか生まれてきていないからだ。それにもかかわらず、このカンブリア紀の爆発は、いくつもの門が、わずか数百万年の間に、あちこちで一斉に誕生してきているのである。

この現象は、ダーウィンの生きていた時代にもすでに発見されていて、ダーウィンも自身の学説に対する難題をいくつか説明してきている中で、この現象に関して次のように述べている。

以上の他にも同様の、しかももっとずっと重大な難題がある。それは、同じ類にぞくする多数の種が、既知の含化石岩床のうち最下層において突然出現している、そのようすである(15)。

そして、その最下層であるシルリア紀(ダーウィンの生きていた時代、カンブリア紀はシルリア紀と呼ばれていた)の岩層が堆積する以前の岩層に化石が発見されていないことに満足のいく答えが得られていないことを嘆きながら、

いまのところ、この例は説明できぬままのこしておくほかはない。それは実際に、ここで私がとってきた見解に反対する有力な議論として主張することができるであろう(16)。

と、突然シルリア紀の岩層に生物が現れてきていることが、ダーウィンの学説を覆す最有力な問題であることを自らも認めている。ただ、ダーウィン自身、それで終わっているわけではなく、こうしたあらゆる難題に対して常に行って来た自説を擁護するための推論で、その難題を乗り越えようとして、

われわれは、おそらく、これらの広大な地域ではシルリア紀よりずっと以前の多数の岩層が

完全に変性した状態で見られると信じてよいのであろう(17)。

と、シルリア紀(カンブリア紀)以前の岩層に化石が発見されていないことを、巨大な水圧や熱などによって岩層が変性してしまったものと推論している。

ただ、近年、カンブリア紀以前(エディアカラ)の岩層に当時の生物の化石が発見されてきているが、その発見は、皮肉なことに、ダーウィンの学説をさらに闇の中に押しやる結果になってきている。というのは、エディアカラの岩層に発見される動物群は、カンブリア紀に生きていた動物群の祖先とは、とても考えられないほど異なったものばかりであるからだ。そして、マサチューセッツ工科大学(MIT)のグループによって報告された結果からは、カンブリア紀の動物群は、エディアカラ動物群の絶滅の後、ほとんど間髪を入れずに登場していたらしい(18)。

すなわち、ダーウィンの時代の地質学者の多くが確信していたような無から有(ダーウィンの言葉で表現すると生命の曙光)という奇妙な現象ではないが、既存生物の絶滅と新たな生物の誕生という大きなドラマがそこには展開していたことになる。こうした新たな知見をもとにして、古生物学者たちは、カンブリア紀の爆発に関して、その原因をつきとめようとしているのだが、いまだに深い謎に包まれたままなのだ。

さらに、このカンブリア紀の爆発とも関連して、ダーウィンの進化論とは相矛盾する進化の流れがある。ダーウィンの進化論では、生物の形態は時間とともに変異が大きくなっていく。だから、生物の系統樹は、まずは種から始まり、そうした種が、変異と自然淘汰によって多様性を増していくことで、種から属へ、属から科へ、科から目へ、目から綱へ、そして綱から門へと、生物間の異なりが、まさに樹木が幹から枝に、枝から葉へと別れていくように、末広がりに大きくなっていくことになるのだが、事実はこれとは全く逆になっている。古生物の化石記録から見えてくる事実は、生物の分類群が、カンブリア紀に誕生した門に始まり、それ以降は、綱、目、科と、段々とその分類レベルを狭めてきているのである(19)。

すなわち、最初に大きな枠組みができ、その後は、その枠組みの中で新たな枠組みができるというように、段々と枠が狭められてきているのである。このように、古生物の研究から浮かび上がってきている現象の多くが物語っていることは、ダーウィンの進化論をそのまま受け入れるには、高いハードルがあるということだ。

9　インテリジェント・デザイン論(ID論)が物語る進化論への疑問

ダーウィンの進化論をそのまま受け入れることがなかなか難しい問題は、古生物学以外の研究分野からも浮かび上がってきている。生命体の生命維持について研究している科学者の中には、マクロ的なメカニズムとしては、科学的に究明されたものであっても、ミクロ的な世界に入っていくと、論理的に説明のつかない作用が働いていて、そうした作用が誕生してくるのを、ダーウインのいう漸次的進化の説では説明できないと考える人たちが現れ始めてきている。

例えば、出血した時に、血液が自動的に凝固して出血を防ぐという血液凝固のシステムに関しても、その全体のシステムがどのようなメカニズムで行われているのかについては解明されていても、一体そうしたシステムが、どのようにしてもたらされたのか、それは、ダーウィンのいう進化論では説明できない壁に突き当たっているらしい(20)。

というのは、そうした血液凝固というような生命を維持していく上で不可欠なシステムが、いくつもの完結した部分の集合で出来上がっていて、そうした部分の一つでも欠落していたら、血液凝固というシステムは維持できなくなってしまうのだが、そうした完結した部分が、一体どのようにしていくつも集まって、全体で一つの機能を果たすことができているのか、部分の変異と自然淘汰というダーウィンの進化論では説明できそうもないからだ。

要するに、血液凝固という機能一つをとってみても、その機能が多くの完結した部分の結合によって成り立っていて、その全体の機能が、部分と部分がどのように結合して機能しているのかは解明されても、そうした部分の集積が、一体どのようにして全体として一つの秩序あるシステムに完成されてきたのかは、謎に包まれたままであるということだ。

このように、全体的に見た時には漸次的な進化の営みから生まれてきたかのように見える様々な機能を、それ以上部分に分解できない細部の世界まで探求していくと、部分の漸次的進化ではどうしても説明できない問題が、あちこちから浮かび上がってきているのである。

こうした現象に直面している研究者たちは、血液凝固システムのように、完結した部分と部分とがたがいに結合して、全体で一つの機能を生み出していて、どの部分を取り除いても全体の機能が失われてしまうシステムの有り様を還元不能な複雑性と呼んでいる。そして、彼らは、そうした還元不能な複雑性が、細胞の営みから、遺伝子の営みに至るまで、ありとあらゆるところにあることを論拠に、そうしたものが生まれてくるには、ダーウィンのいうような突然変異と自然淘汰では説明できないとして、生物の進化の陰には、知的なデザイナーが関与しているというインテリジェント・デザイン論（ＩＤ論）を唱えてきている(21)。

こうした新たな探求結果は、ダーウィンの時代では想像もできなかった遺伝子であるとか、ＤＮＡであるといったミクロの世界に科学の目が入ってきたことによるのだが、こうした世界においても、化石記録の中に現れてきているような、ダーウィンの進化論では説明できないものがいくつも現れてきている。ただ、こうした現象を前にしても、一度科学の世界に金字塔のごとく打ち立てられてしまった学説をなかなか覆すことはできないらしく、こうした問題までも、広く認められたダーウィンの説く進化論を基本に説明しようとする科学者が後を絶たないのが実状である。

ただ、古生物学や分子生物学など、生命進化に関する研究が細部に進めば進むほど、生物の進化が、ダーウィンの進化論では説明できない問題にいくつも直面することになってきていることは確かで、人間の誕生が、そして種の誕生が、ダーウィンの説く進化論的に行われてきたのか、それとも何かまだ科学では解明されていない力が介在していたのか、新たな議論がにわかに湧き起ってきている。

10　信じることで成り立つ進化論

さて、ここで、人間の誕生が、そして種の誕生が、ダーウィンの説く進化論的に行われてきたのか、それとも、創造論者が考えるように、科学的にはまだつかみえていない力によって誕生してきたのかを考える上で、極めて重要なことについて触れておく必要がある。

それは、人間の認知と係わることであるが、進化論的な考えを抱く科学者たちは、身近に起きている生物種の変化や、分子生物学から得られたデータをもとに、種の誕生、種の進化を語ってきたのに対して、創造論的な考えを支持する人たちは、何か客観的なデータに基づいてそれらを語ってきたということではなくて、まさに、種は神が創造したものと、聖書に書かれていることが正しいということを信じることで創造論を擁護してきた。もっとも、先に述べたＩＤ論を唱える人たちは、ダーウィン進化論では説明できない生命メカニズムがあることを論拠として、ダーウィン進化論に疑問符を投げかけてきているが、でもそれは、進化論に疑問符を投げかけるだけで、創造論を科学的に論じるまでには至っていない。

このように、科学的データをもとにした進化論者に対して、聖書を信じることを基盤にダーウィンの進化論に科学的データの不備を訴え、そこから創造論的理論を展開している創造論者との間には、その論理性の基盤に水と油のような違いが潜在していることは確かである。ただ、その信じる信じないはともかくとして、聖書に記されているのは、神の言葉として、誰かが聴いたものが表現されていることは確かであろう。時として、人は神からの言葉とも思える内界からの直感を感じることがある。それは啓示を受けた者だけが体験することであり、極めて主観的である。

人の心の中には、星々で輝くこの宇宙と同じように、広大な世界が広がっていて、時として宇宙の彼方から彗星が現れてくるように、心の深奥からのメッセージが聞こえてくることがある。彗星や星の爆発や誕生が、この宇宙の誕生の物語を知らせてくれるように、心の深奥からのメッセージが、時として、神の声として宇宙の誕生、生物の誕生を語ってきたとしても不思議なことではあるまい。ただ、ここで重要なことは、外の世界に展開する様々な現象に関しては、多くの人によって同じように認知され、その現象が起こったことが事実として共有されるのに対して、心の深奥からのメッセージは、一人の人しか聞くことができないということである。

外の世界に展開する現象は、彗星の出現にしても、星の誕生や爆発にしても、多くの人が同じように見ることができる。また、望遠鏡や宇宙探索船など、科学技術の発達によって、肉眼では見えなかった世界も見ることができ、それらを多くの人と共有できる。火星探索機から送られてくる情報は、通信技術の発達によって、一瞬のうちに世界中に送信され、世界中の人たちが同時に同じように見ることができる。それらの情報は記録され、後世の人達にも伝えることができる。

望遠鏡や宇宙探索船を作り出した人は、ほんのわずかな人たちであっても、その技術が生まれてしまうと、その技術を生み出すことのできなかった人たちも共にその技術を用いて新しい情報を共有できる。そして、これがまさに客観の世界であり、科学が立脚する基盤でもある。ダーウィンの説く進化論は、この客観の世界でとらえた生命の営み、種の営みである。

これに対して、神の啓示とも表現できる内なる世界からのメッセージによる創造論は、一人の人間の心の中に起こったことであり、その人にしか分からない、まさに主観の世界である。だから、そのことを他の人と共有することはできない。ただ、唯一できることといえば、その体験者が、そのことを語ることである。そして、人はその言葉を信じるのか、それとも信じないかの選択にせまられることになる。

では、いかにして人はその言葉を信じるのかといえば、その啓示を受けた人の行動が尋常では信じられない奇跡を引き起こすからであろう。人並みの人間では決してなしえないことをなしてしまうがゆえに、その人の言葉を信じることになる。多分、聖書だけではなく、仏典にしても、そこに描かれているのは、一般の人達よりも次元の異なる精神世界を獲得した人の知恵によって引き起こされる数々の奇跡とも思える現象によって、その人を信じ、その人の語ったことが神の言葉として信じられ、語り継がれてきたものであろう。だから、そこでは、先の科学の基盤となる客観の世界とは一八〇度異なり、語られていることを実際に見た者、覚知した者は、聖人と言われるただ一人の人間だけになってくる。

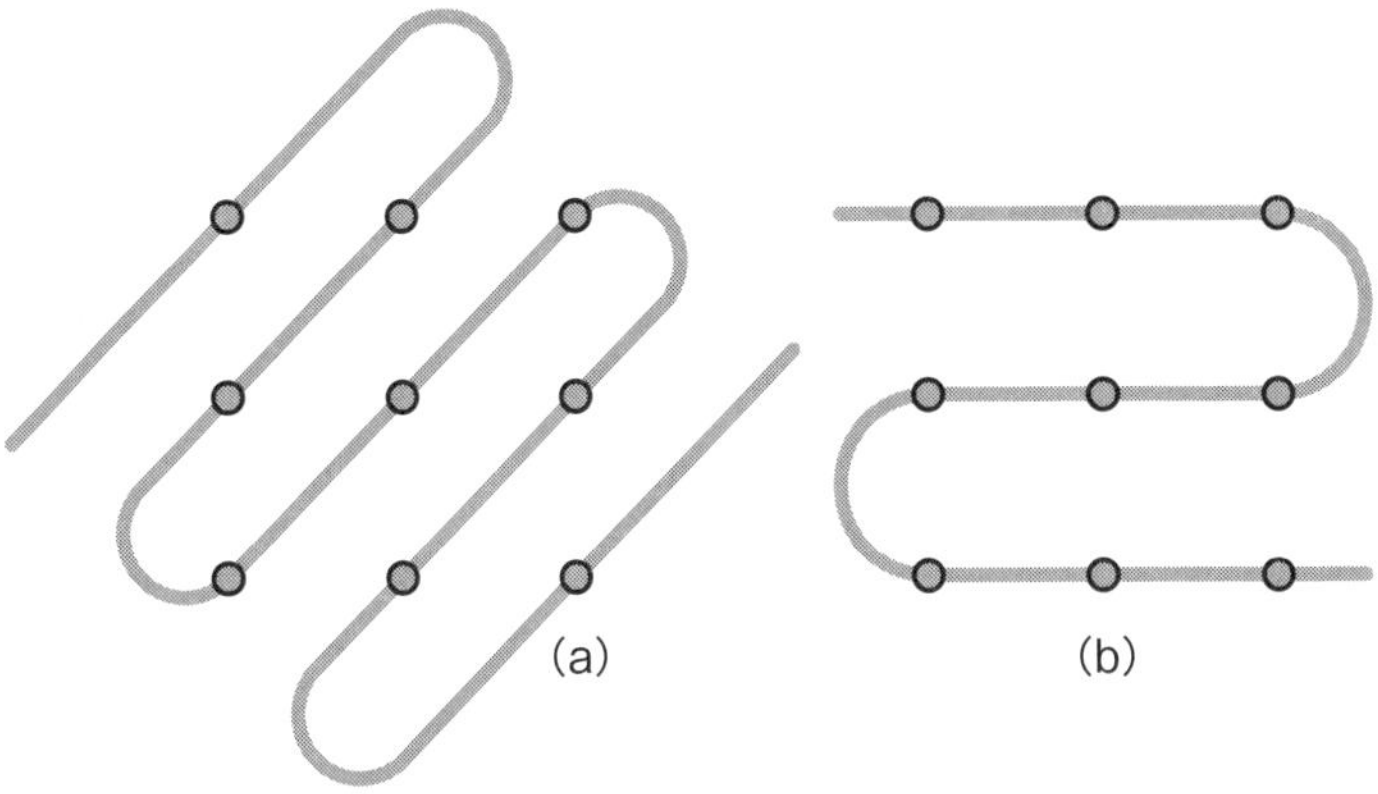

図 1……主観によるパターンの違い

同じ点の集まり（客観的データ）でも、その点を結ぶ線によって、異なったパターンが生まれてくる。どのように結ぶかは、結ぶ人の直感による。

さて、ここで、再び科学のプロセスに目をやると、客観の世界を基盤とする科学では、先に述べたように、共有されたデータをもとに、今度は、それぞれの科学者の内的世界からのメッセージ、すなわち直感によって理論が作り出されてくる。そして、多くのデータをうまく説明できる理論が正しいものと結論付けられることになる。ただ、そこでは、確かにデータという共有された客観の世界を扱ってはいるが、そこから生まれてくる最後の理論は、一人の科学者の内から聞こえてくる神からの啓示とも思える直感に基づいている。そして、多くの人は、客観の世界に提示されたデータの正しさを確信し、それを元に作り上げられた理論を正しいものと確信するのである。

それは、図1に示したように、一つ一つが

点であるデータを線で結びつけ、全体として見えてきたパターンを一つの理論として正しいものと考えているようなものである。一つ一つの点は、確かに客観的に正しいと認められたデータであるが、それらを線で結ぶことも、その線によって描き出されたパターンをある具体的なパターンとして読み取るのも、それは科学する者の直感に基づいている。もし、点と点とを結びつける線の形や、互いに結び合う点と点が異なった点と点とが結び合わされれば、全く異なったパターンが生まれてくる。それは、客観の世界に提示されたデータが同じものであったとしても、それをパターン化する、すなわち、理論化する神の啓示としての直感が異なれば、理論も異なってくることを意味している。ダーウィンの説く進化論は、現実の世界で起きている変異と自然淘汰というデータをもとに、新たな種の誕生についてのダーウィンの直感に基づいた理論であるということだ。

したがって、変異と自然淘汰というデータをもとに、他の人の直感によって、種の誕生についての全く新たな理論が打ち立てられることもありえないことではない。このことを人は、歴史の中でいくつも繰り返し経験してきているが、その中で、まさに創造か進化かと同じように、宗教と科学との係わりの中で、客観の世界に展開している同じものを見ながらも、すなわち、客観の世界に表出されているのは全く同じデータであるにもかかわらず、一方では、天動説になり、もう一方では、地動説となった歴史がある。

したがって、経典を信じることと、客観とも思える理論を信じることとは、基本的には、信じるという点では同じことなのである。ただ、前者は、普通の人が日常ほとんど体験することのできない直感を基盤にしているのに対して、後者は、普通の人が日常茶飯的に体験できる、あるいは想像できる世界での直感に基づいているということだ。

それをもう少し具体的に表現するなら、宗教的な世界は、時空を超越した世界での直感と係わっているのに対して、科学的な世界は、時空によって支配された世界での直感と係わっているということである。そして、一般の人たちにとっては、この世は時空によって支配されていると考えるのがふつうであり、だから一人ひとりが有限な生命の中に生きていることが当たり前となるのだが、これとは反対に、時空を超越した世界を抵抗なく受け入れることのできる人たちには、生命の悠久性が見えるし、その悠久性を語ることになる。

したがって、時空を超越した世界からの直感を信じる人たちにとっては、種の誕生が神の創造によって突然もたらされたということに対してなんの違和感もないのだが、時空と係わった世界での直感に執着する人たち、特に科学者にとっては、時空の世界での因果の成り立たない考えよりも、変異の漸次的蓄積によって新たな種が誕生してくるという、時空の世界での因果の成り立つ理論の方が受け入れやすいのである。

したがって、生命の営みとしての種の誕生を議論するためには、まずは、客観的と称されるデータを正しいものとして、そのデータから生まれてくるパターンをもう一度先に述べた二つの直感の世界、すなわち、時空と係わった直感の世界と、時空を超越した直感の世界から見直すことが必要になってくる。それでは、ダーウィンの説く『種の起原』において、客観的なデータとは一体いかなるもので、それから推論されているものが何であるのかを、改めて次に見てみることにしよう。

第二章　ダーウィン進化論の実と虚

1　ダーウィン論と反ダーウィン論

ダーウィンの進化論は、様々な事例に基づいていて、理論としての説得性があるのに対して、反ダーウィン論は事例の欠如、論理性の欠如、感情論的であり説得性に欠けるといった意見は強い。確かに、ダーウィンの『種の起原』には具体的な事例が数多く紹介されていて、それらが一般の人たちが日常生活の中で目にするものと深く係わっている。それだけに、変異が起きること、生存に有利な変異は蓄積され、より生存しやすく生物を変えていくといった変異と自然淘汰の理論には説得力がある。これに対して、創造論者が語るものには、ダーウィンの示した論理性に比較して、論理的なものはほとんどなく、ただ直感的なものだけが目に付く。だから、論理性を重んじる科学の世界から見れば、創造論に説得力をほとんど見い出すことができず、どうしても進化論の方に優位な世界が作られてきてしまうことになった。

このことは改めて第七章で議論することにするが、理性は言葉と手を組み、論理的に物事を表現できるのに対して、直感は、全体を一つのものとしてとらえることができても、それを論理的に説明することがなかなかできない。ましてや、理性が現象の世界と強く係わり、その表現するものが具体性に富んでいるのに対して、直感は現象の世界には直接その姿を見せることのない内的世界と係わっていて、極めて主観的であるから、前者は益々論理的で説得力に富み、後者に対して優位な立場に立つことになる。もっとも、先に述べたように、近年、ＩＤ論といわれる論議が、科学的論拠に裏打ちされた反ダーウィン論として浮かび上がってきていて、この理論が創造論を擁護する立場になって、創造論の側にも、科学的基盤が作られつつあることは確かである。

それはともかくとして、これまでのダーウィンの進化論は、理性の上に構築された論理性を武器に、変異と自然淘汰というゆるぎない事実を基盤にして、その上に極めて重要な、そして、それが進化論の本命となるのだが、種の誕生が、この変異と自然淘汰によってもたらされるものと推論してきた。ダーウィンは、このことを次のように述べている。

一般的な規則として、葉でも、花でも、果実でも、軽微な変異をつづけて選択していけば、おもにそれら選択した形質において相互に異なる品種が生じるのを私はうたがうことができないのである（1）。

このように、ダーウィンの進化論は、飼育栽培における変異と人為選択によって、新たな品種を作り出すという日常見かける事実を元に、自然環境の中においても、それと同様に、変異と自然淘汰によって変種が生まれ、それがやがて新たな種へと変化していくとした推論であるのに、推論であるということをどこかに置き忘れ、その推論を導くための具体的な事実の正しさが、その推論までも正しいことのように思い込ませてしまっているマジックがある。しかし、そのマジックにもかかわらず、時が流れ、ダーウィンの名声が世に広まり、そして、ダーウィンが進化論を打ちたてた聖人として崇め奉られるに従って、その秘められたマジックは、あたかも真実であるかのように受け入れられてしまうようになった。

そして、ダーウィンの進化論を信奉している人たちが、ダーウィンの進化論が正しいものとして提出してくる新たな発見は、ダーウィンの説いた推測から得られた学説、すなわち、変異と自然淘汰による漸次的変化が新たな種を誕生させるという進化論を具現化しているものではなくて、ダーウィンと同じように、推論の基盤となっているもの、すなわち、生存に有利な変異が蓄積されていくという付帯の事柄に留まっているだけである。

先に紹介したガラパゴス諸島でのダーウィンフィンチ類の二〇年に及ぶ観察結果も、変異と自然淘汰による同種内での個体の変化についての実証であって、そこから導かれる新たな種の誕生というダーウィンの推論を証明するものにはなっていない。

要するに、ダーウィンの進化論は、事実とその事実に基づいた推論という、次の二つの事象か

ら成り立っていることになる。その一つは、生物界に起きている客観的事実、

事象（A）：個体には時として変異が起こり、その変異の中で、その種の生存にとって有利な変異は保存され、不利な変異は捨てられていく。

そして、二つ目は、事象（A）を基にした推論で、

事象（B）：有利な変異が漸次的に蓄積され、やがて新たな種へと変化していく。

というものである。ダーウィンは、この二つの事象を相互にうまく結びつけることで論を作り上げた。ただ、この二つの事象のうち、種の誕生にとって肝心なのは事象（B）であるのだが、ダーウィンは、事象（B）に対する具体的な発見も証明もないのに 事象（A）＝事象（B）として、事象（A）に対する発見や証明が、あたかも事象（B）を証明したかのような錯覚に陥ってしまっているのである。

それは、先に述べたように、客観的に正しいとされる点としてのデータを、ダーウィンの考えるやり方で結びつけ、そこから浮かび上がってきたパターンを事実として推論しているのである。だから、その客観的な事実としてのデータを異なったやり方で結びつけると、異なった推論が生

まれてくることになる。そして、ひょっとしたら事象（A）という事実と、種の誕生とは全く関係のないことだってありえるのである。事象（A）という現象は、ただ種が、そして、個々の個体が、生命を維持していく上での必然的現象であって、新たな種の誕生とは全く関係がないかもしれないのである。

要するに、ダーウィンの作り上げた学説は、事象（A）という科学的論証を基盤にして、極めて重要な事象（B）を推論しているのであり、その推論を正しいものと信じることで成り立っているのである。ダーウィンの『種の起原』を読んでいると、信じるという言葉が非常に多く使われていることに気付かされる。ダーウィンは、その信じるという言葉をこの事象（B）を推論する時に必ずといっていいほど用いている。

『種の起原』に書かれている事例の多くは、種の、そして個々体の生命維持のための現象であって、種の誕生に関しては、その現象からの推論によって導かれたものである。だから、『種の起原』に書かれている事象（A）と係わる考察はかなりの程度正しいし、そのことはＤＮＡの分析からも同様に正しいことが証明されてきている。ところが、種の誕生となると、ＤＮＡの分析を用いても、ダーウィンと同じような推論を可能にさせるだけで、その推論を直接証明するまでには至っていない。

もちろん、事実をもとにして推論を立てるということは、あらゆる科学の分野における常套手段であるし、その推論があってはじめて、その推論を実証するための次のステップが生まれてくるのであるから、推論自体悪いことではない。ただ、その推論が、現実に起きている事実から、あまりにもかけ離れたものになってくると、推論が推論でなくなってきてしまう。

科学の世界では、一つの推論があって、それを再現させることができたとき、その推論を正しいものと認めているが、ダーウィンの進化論を証明しようとして、ショウジョウバエにX線を照射して、突然変異を通常の一〇〇倍以上起こさせ、そうした変異を持つショウジョウバエを何千世代も交配を重ねて、新しい種の誕生を実験的に引き起こすことが試みられた。しかし、その実験結果からは、羽がねじれたり、羽が退化したり、羽が全くなくなってしまったりという変異はいくつも作られたが、どれもショウジョウバエであることに違いなく、そこから異なった種やショウジョウバエの新種さえも誕生させることはできなかった(2)。

この実験が物語っていることは、単に小さな突然変異の蓄積だけでは、新たな種は生まれてはこないということと、ショウジョウバエとしての種を種たらしめているものが、遺伝子というものの中には存在してはいないのではないかということである。というのは、もし、種を種たらしめているものが、遺伝子の中に組みこまれているのだとしたら、その遺伝子に大きな影響を与えるであろうX線照射によって種が解体したり、ショウジョウバエとは全く異なる種が誕生してきてもよさそうなものだからである。ただ、そのことはともかくとして、この実験結果だけでダーウィンの進化論を否定することはできないが、こうした突然変異だけでは、新しい種の誕生は期待できそうもないということも確かなことのように思える。

2　ダーウィン進化論の難点

ダーウィンは、『種の起原』の中で、種の生存にとって有利な変異が保存され、有害な変異が捨て去られていくことを自然選択（以下自然淘汰と呼ぶことにする）として定義し、変異と自然淘汰0によって新たな種が誕生するとしているが、その中で、この理論に対するいくつかの問題点を学説の難点として取り上げている。それらを列記すると(3)、

①もしも種は他の種から認知しがたい微細な漸次的変化によって生じたものであるとすれば、いたるところに無数の移行型がみられないのはなぜであろうか。
②たとえばコウモリのような構造と習性をもつ動物が、習性のまったくちがった動物の変化によって生じたなどということがありうるだろうか。
③本能が自然選択（自然淘汰）によって獲得され変化させられうるものだろうか。
④種は交雑すると不稔であるか、または不稔の子しか生じないのに、変種を交雑したときには稔性がそこなわれないのは、どう説明したらよいのか。

以上の四つを、ダーウィンは、自分の考えた学説に対する難点として取り上げている。ここで

重要なことは、先に述べたように、ダーウィンが『種の起原』の中で述べていることのほとんどが事象（A）、すなわち、変異の発生と自然淘汰に関する事柄であり、新たな種の誕生という事象（B）に関しては推論に留まっていて、その推論と係わる問題が学説の難点として取り上げられた四つの項目全てであるということである。すなわち、先に述べたように、事象（A）に関しては、様々な事例を取り上げ、その真実性をゆるぎないものにしているのであるが、ダーウィンの進化論を進化論たらしめている肝心の事象（B）に関しては、現実の世界で起きている現象とは相容れないものになってしまっているのである。そして、その相容れない事柄を学説の難点として提示しているのである。

ダーウィンは、彼の提示した学説の難点に関して、彼なりの考えで乗り越えようと推論を進めていくのであるが、どれもこれも苦しい説明になってしまっていることは否めない。たとえば、第1項の難点にしても、無数の移行型が見られないのは、地質学的な記録が不完全なものであるからとしているが、先に述べたように、近年の古生物学の発展によって、古生物の化石記録が明らかにされてきていて、そこから見えてくるのは、無数の移行型が存在していたというよりも、種は長い間極めて安定に保たれていて、新たな種が現れる時には、ほとんど移行型もないまま突然現れているという事実である。また、特殊な習性を持っているコウモリが、中間的な生物を介することなく、突如として誕生してきたことも古生物の調査結果から浮かび上がってきている（4）。

このように、ダーウィンの提示した学説の難点は、ダーウィン自身は『種の起原』の中で、どうにかこうにか苦しい論理を展開しながらも乗り越えたかに思えたであろうけれど、古生物に関する研究が進んでくるにつれて、彼の学説と彼がかかげた難点との間の溝は、深まるばかりになってきているというのが現実なのだ。

こうした結果を踏まえて、改めてダーウィンの『種の起原』を見てみると、『種の起原』に述べられていることは、事象（A）に関する事例であって、事象（B）への彼の推論に関しては、彼自身が指摘しているように、難点だけが横たわっているということが、よりはっきりと浮かび上がってくる。そして、そうしたことを中立の立場から考えてみると、それは、事象（A）から事象（B）を推論したこと自体が、生命の営みに反していることをむしろ指摘していることのように私には思える。

そして、彼の指摘している難点をよく見てみると、それらは、それぞれの種が彼の考えるように、一個体に現れた生存に有利な変異が、世代と共に蓄積されて新たな種へと進化するという進化形態ではなく、それぞれの種が、単独に誕生したという新たな種の誕生説を考えてみることのほうが、どれもこれも容易に説明のつく難点であることが分かる。その新たな種の誕生が、どのようなメカニズムでなされているのかはともかくとして、とにかく種は種として、それぞれ単独に誕生したと考えるなら、ダーウィンが挙げた学説の難点としての全ての項目が、難点ではなくなってくる。

たとえば、第1項の難点に関しては、それぞれの種が単独に誕生したのであれば、移行型というものの存在を必要としなくなるし、それは、古生物学から浮かび上がってきた断続平衡の現象や、カンブリア紀の爆発という事実とも重なり合ってくる。また、第2項、第3項の難点に関しても、それぞれの種の持つ習性や本能は、種が単独に誕生したのであるならば、種が誕生した時にすでに種に固有のものとして与えられていたということで、他の種との係わりを云々する必然性もなくなってくる。さらに、第4項の難点に関しても、ダーウィンは、その難点をあえてかかげることで、種間の不稔性が、漸次的な変異の蓄積によってもたらされたものであり、始めから特別に種に付与された性質ではないと推論しているが、それぞれの種が単独に誕生してきているのであるから、他の種との間には不稔性があって当然ということになってくる。そして、この不稔性は、個々独立に誕生した種を種として維持していくための必然的なものであり、新たな種の誕生が、交配によってもたらされたのではなく、まだこれまでの科学ではとらえきれていない、他の要因によってもたらされたものであることを暗示しているように思える。

このように、ダーウィンが自身の学説に対する難点としてかかげた問題は、元々生命の営みとしての種の誕生が、それぞれ独立に起きていたのにもかかわらず、変異と自然淘汰による漸次的進化によってもたらされたものと、種と種の間を直線的に結びつけてしまったことによる必然的な結果なのではないだろうか。

ダーウィンが『種の起原』の中で述べているように、事象Aに関しては、現実の生物世界で繰り広げられている事実である。しかし、それはそれとして、事象Bは、別の問題だということだ。事象Aと種の誕生とは、ひょっとしたら全く次元の異なることなのかもしれないのに、事象A＝事象Bとしてしまったことによって、ダーウィン自身の述べる難点を自ら背負い込むことになってしまったのである。

そこには、科学者の、そして、理性だけが牛耳る世界の過ちが秘められているように思える。というのは、近代科学が台頭する人間社会にあっては、物事を理性的に考えることが直感的なことよりも優先され、正しいと考えてしまう偏見に満ちているからである。すなわち、この世で起こることは全て、時空の支配する因果から成り立っているという偏見である。その偏見がもたらす進化論への影響の一つは、種が誕生してくるには個の変化から始まり、その変化が交配によって子孫に伝えられていかなければならないということ、もう一つは、種間にある異なりは、漸次的に形作られたものであるということである。要するに、交配もなく、突然新たな種が誕生するということに理性が抵抗するのである。その理性の抵抗が、ダーウィンの進化論を生み、そして、ダーウィンの指摘する学説の難点をも生み出すことになったのである。

3　種の誕生は漸次的か突然か

種がそれぞれ独立に誕生するということに関して、理性は抵抗するけれど、直感はそのことを素直に受け入れることができる。聖書の創世記に描かれた生物の誕生は、まさに、種が神の意志によってそれぞれ独立に創られたことを語っているが、それは、人間に与えられた直感が、生命の営みの真実をとらえた結果かもしれないのである。

理性の台頭してしまった人間社会においては、物事を因果の世界で捉えることに慣れている。そして、そこには時間と空間とが見えざる力を発揮している。だから、種の誕生に関しても、理性がそれをとらえようとすると、どうしても交配による変異の伝達という空間と係わった因果と、その変異の漸次的蓄積という時間との係わりが重要な要素になってくる。博物学の世界での一つの格言となっている「自然は飛躍しない」という考えは、まさに理性の生み出したものである。だから、ダーウィンの指摘する種内での軽微の変異が漸次的に蓄積し、やがて新たな種が誕生するという学説は、理性には受け入れやすい。逆に種が単独でそれも突如として誕生したとなると、全て理性の世界では説明のつかないものになってしまうからである。

しかし、冷静にダーウィンの進化論を見てみると、すでに何度も指摘してきたように、ダーウィンのとらえた現象は、あくまでも同種内の変異であり、その変異が種の生存にとって有利に働くものであるならば、それが保存され、不利に働くものであれば、切り捨てられていくというものであった。そして、その事実を基にして、有利な変異の漸次的蓄積が新たな種の誕生をもたらすと推論しているのだが、それにはいくつかの難点があった。その難点において指摘されている事柄と、新たに古生物学の世界から浮かび上がってきた断続平衡の現象を基にして、現象の世界

で起きている事実を列記してみると、

①確かに、個体は変異を生み、生存に有利な変異は保存されていくということは事実ではあるが、それは、種内の現象であって、それが新たな種の誕生をもたらしたという事実には遭遇していない。

②種間に見られる不稔性は、種の間には、越えがたい大きな壁が存在していることを示している。

③種は極めて長い間安定であって、新たな種が誕生する時には、その長い古生物学的な安定した時間に比べたら、ほとんど瞬間とも思える短時間の中で誕生している。

これらは事実であり、この事実を推論の基盤とすると、種が生存に有利な変異の漸次的蓄積によって誕生してきたとするダーウィンの進化論よりもむしろ、種はそれぞれ独立に突然誕生したと考えるほうが、より事実に忠実なように思える。そして、この推論は、先に述べたように、ダーウィンが自身の学説に対して抱いていた難点を難点ではなくしてしまう。

ただ、種がそれぞれ独立に突然誕生したという考えは、多くの人たちの抱く常識からも、理性で考えられる因果からも大きくかけ離れた推論になってくる。そして、もっぱら理性によって物事が考えられ議論されている科学の世界においては、時空の世界での因果に基づかない推論を論外として受け入れようとはしないだろう。

ただ、ここで重要なことは、生命の営みは、理性がもっぱら係わりあう現象の世界にあるのではなく、目には見えない現象の内にあるということだ。すなわち、生命の営みそのものは、現象の内に秘められていて、現象の世界に直接現れてくるものは、生命の営みの結果であって、生命の営みそのものではないということである。これは後ほど詳しく述べることにするが、現象の世界では時空が支配していて因果も成り立っているが、その現象を引き起こしている生命そのものの世界では、時空を超越した世界が展開しているから、生命の営みが現象の世界に現れてくる時には、断続平衡の現象やカンブリア紀の爆発のように、新たな生物種が空間の壁を越えて、一斉に突然誕生する姿となって現れてくるのである。

断続平衡の現象も、カンブリア紀の爆発も、生命の営みから見れば、その事実が物語っているように、空間の壁を超え、突然もたらされたものであるのにもかかわらず、ほとんどの科学者は、それらの原因を現象の世界、すなわち時空の支配する世界の中だけでとらえようとしてきた。だから、断続平衡の現象を目の前にしても、地質学の不完全性という理由を盾に、突然の種の誕生という現象を素直には受け入れようとはしてこなかった。また、地質学の年代計測の精度が数千年から数万年であることから、たとえ、長い間種が安定であり、その長い安定状態の後、突然と思える新たな種の発生が観測されても、年代計測の精度限界である数千年から数万年の間に、漸次的進化があったものとして、新たな種が突然誕生したとは考えようとしてこなかった。

また、カンブリア紀の爆発に関しても、確かにダーウィンの進化論では説明できない事柄が多くみられるのにもかかわらず、断続平衡の現象と同じように、年代計測の精度ではとらえきれない数万年の中で、漸次的進化が起きていたとして、それが、種がそれぞれ独立に誕生してきたことの証拠にはならないとしてきた。

こうした時空の支配する世界では、不可解な現象を目の当たりにしても、なおその現象の原因を時空の中で考え、時空の中で因果づけようとするのは、先に述べたように人間の認知能力に端を発しているのだが、そのことが、新たな種の誕生という、生命そのものと直接係わる現象に直面しても、生命の真のふるまいをとらえることのできない科学の限界を生み出しているのである。

先に述べたように、生命とは、見るものではなく、感じるもの。一人一人の心の内にあるものである。にもかかわらず、ダーウィンの進化論に代表されるこれまでの科学は、その生命の進化を議論するのに、肝心な心の世界を無視し、単に目に見える世界に展開する現象だけで推論してきてしまった。そこに、生命進化の本当の姿をとらえきれない要因があるのだが、多くの科学者は、そのことに気付いてはいない。

でも、考えてみれば、物質的な化石は残されていても、心は残されてはいない。だから、生命の進化をとらえるためには、内的世界の有り様をとらえる必要があるのだと分かっても、残されていない心の世界を分析しようもなかろう。誰しもふつうはそう考える。だから、人類の進化、人間誕生の問題にしても、人骨化石であるとか、人類の残した遺物や遺跡をたよりに推論せざるを得なかった。

これまでの考古学が扱ってきたのは、地中深くに残された人類の化石であり、人類の残した遺物や遺跡であった。それは、生命の糟粕であり、蝉の抜け殻なのだが、ほとんどの科学者は、それをたよりに人類の進化、生命の進化を考えてきた。たとえ生命とは、見えるものの中にあるのではなく、感じるもの、すなわち心の内にあるものであり、生命進化の様態は、心の中に残されているのであろうと思ってみても、過去の生物の心、過去の人間の心は消え去ってしまったものと、暗黙のうちに思い込んでしまっていたからである。

でも、その失われてしまったかに思われていたわれわれの祖先の心が、実は、今を生きる私たち一人ひとりの心の大地に残されていたのである。そして、その心の大地に残されていたものからは、人間の誕生が、これまでの科学がとらえてきた突然変異と自然淘汰というダーウィンの進化論的にではなく、まさに時空を超えた共時的な現象として現れてきた。そして、その結果は、古生物の世界で浮かび上がってきている断続平衡の現象やカンブリア紀の爆発が、漸次的進化によるのではなく、空間の壁を越え、突然のごとく一斉に起きていた現象であることを確信させてくれるのだ。

もし、私が、言葉についての研究を試みることなく、そして、言葉と係わった人間の感性の世界に民族性が存在しているということの発見にめぐり合っていなかったなら、科学の発展によって益々強固なよろいで身を固めたダーウィンの進化論に、上で述べたような異議を申し立てることなど考えても見なかったであろう。そして、知識とハイテクで身を固めた科学者達と同様に、ダーウィンの進化論を基盤にして、知識で進化論を語っていたにちがいない。いや、あの発見がなかったなら、進化論そのものに全く興味というか関心など持たなかったことであろう。その発見とは、いかなるものなのか。それは、人類がいつどのようなかたちで現代人のような心を持つ人間へと進化したのか、まさに、人間誕生と深く係わってくるものなのだ。次章以降では、その発見への歩みを段々と語っていくことにするが、その前に、まずは考古学の世界から浮かび上がってきている人類進化の歩みを振り返ってみることから始めることにしよう。

第三章　人間の誕生

1　人類の進化

地球が誕生して四六億年、その四六億年の時の流れの中で、この地球上には、何百万、何千万種とも言われる様々な生物が誕生し、現在のような生命のあふれる生物世界を作り上げてきた。海面下七〇〇〇メートルもの深海に生きる深海魚から、地上数千メートルもの高さを飛ぶ白鳥に至るまで、この地球上は様々な生物であふれている。そして、その生物の頂点に、考えるという特異な能力を秘めた人間が生きている。四六億年という地球の歴史の中で、人類は一体いつから、現代人のような考える力を持つ人間になったのであろうか。

考古学は、人類がチンパンジーと共通の祖先から分離し、猿人となり、やがて猿人から直立歩行をする旧人へと進化したことを浮かび上がらせてきている。ＤＮＡによる分析結果からも、チンパンジーと人類との分岐が、約七〇〇万年前であったことが明らかにされてきているが、それを証明するかのように、約七〇〇万年前の猿人のものと見られる化石が近年アフリカで発見されている(1)。また、猿人が直立歩行を始めた頃の足跡も発見されており、考古学的に見る限り、人類が、チンパンジーと共通の祖先から猿人へ、猿人から旧人へ、そして、旧人から新人へと進化してきていることが推測できる。

ただ、そういった一連の流れの中で、それでは一体いつから人類は、現代人と同じような心を身につけたのかとなると、答えはそう簡単ではない。というのは、形態的進化の様子は、人骨化石のように形あるものとして残されていても、心の進化に関しては、化石のように具体的な形で残されてはいないからである。そして、心の進化を推測できるのは、人類の残した石器や遺跡などの遺物を通して、間接的にとらえるしか方法がないと考えられていたからである。

ＤＮＡや化石の分析からは、人類がチンパンジーと共通の祖先から分岐したのが七〇〇万年前頃であったことが推測されているが、人類がチンパンジーと異なる営みの痕跡を残し始めるのは、すでに直立歩行する人類へと進化していた二五〇万年前頃からである。その頃の人類の遺跡から、石器が作られていたことが明らかにされている。しかし、その頃の石器は、石を単純に切り落としただけのもので、そこには高度な知的活動があったことを物語る痕跡はほとんどない。そして、その石器技術は、その後一〇〇万年以上もの間、極めてゆっくりとした変化しかしてきてはいない。

この旧人と呼ばれる人類は、その人骨化石の発掘調査から、始めアフリカで誕生し、その後数十万年という時の流れをかけて、地球上に分散していったことが明らかになってきている。インドネシアのジャワ島で発見されたピテカントロプスは、その年代計測にはかなりの幅があるものの、一八〇万年前頃の人骨化石と考えられているし、北京南西の周口店洞窟で発掘された北京原人の人骨化石は、七〇万年前頃のものと推定されている。いずれの人骨化石の形態も旧人を示すもので、旧人が、世界の各地に分布して生活していたことが伺える。

一方、ここ数十年の間に発達してきたDNAによる分析結果からは、現代人の祖先が、二〇万年程前、アフリカに生活していた一人の女性イヴに帰するという結果が得られてきている(2)。これは、細胞の中にあるミトコンドリアという器官がもっているDNAの調査から浮かび上がってきた結果である。

DNAは、生物の遺伝情報を秘めた高分子であるが、それは一つ一つの細胞の中にある核と呼ばれるものの中と、ミトコンドリアと呼ばれる器官の中にある。このうち、生命体を形作る上で重要となる遺伝情報が秘められているのは、核の中にあるDNAである。このDNAは、父親と母親から与えられたDNAを等分して持っている。これに対して、ミトコンドリアの中にあるDNAは、主としてミトコンドリア自体の機能と係わるタンパク質の遺伝情報を持っていて、核内のDNAと異なり、母親の持つDNAだけを継承するという特徴がある。DNAは、時として変異を起こすため、その変異の履歴が子孫に残されていくことになる。したがって、ミトコンドリアDNAの変異を調べることで、私たちのルーツが、母親のその母親、そして、そのまた母親と、母系のルーツとしてさかのぼることができる。だから、世界中に分散して生活している現代人のミトコンドリアＤＮＡを調べていくと、現代人の祖先が、一人の女性に帰することを突き止めることができる。それが、先に述べたイヴと呼ばれる二〇万年前頃アフリカに生活していた一人の女性ということになる。そして、ＤＮＡから人類の進化を探求している分子進化学者たちは、その二〇万年前頃を現代人の祖先、すなわちホモ・サピエンス・サピエンス（現生人・新人）が誕生した時期であると考えるようになってきた。

2 現代人の起源論争

こうした考古学やＤＮＡによる分析結果をもとにして、現代人の起源に関して、これまで熱い議論が戦わされてきた問題がある。それは、現代人が、先に述べたピテカントロプスや北京原人などのような世界中に分散して生活していた旧人が、それぞれの地で別々に現代人へと進化してきたのか、それとも世界中に分散していた旧人は全て絶滅し、それに代わって、先のイヴに代表される現代人の祖先が、アフリカの地で二〇万年前頃に誕生し、それが、アフリカ大陸を出て、次第に世界中に分散するようになったのか、この相異なる二つの考えの違いによる論争である（3）。

前者の考えは、世界中に分散していた旧人が、それぞれの生活していた地で独自に新人へと進化したということで、多地域進化説と名付けられ、後者は、アフリカ単一起源説と名付けられている。これらの議論は、いまだにくすぶってはいるものの、DNAの分析結果や、考古学的な発掘調査の結果などから、ほとんどの研究者は、アフリカ単一起源説に傾いてきている。特に、近年、エチオピアのキビッシュから発掘された初期現生人のものと考えられる人骨化石の年代が、二〇万年前頃のものであることが科学雑誌『ネイチャー』に発表され（4）、現代人の起源に関するDNAの分析結果と、考古学的な研究結果とが一段と近づいてきていて、アフリカ単一起源説をより確かなものにしてきている。

ただ、その有力なアフリカ単一起源説に基づいて考えてみても、現生人の誕生が、二〇万年前頃であったことを証拠付ける確固とした考古学的な痕跡を発見することはできてはいない。確かに、二〇万年前頃、イヴが誕生したことが、DNAの分析結果から推測され、二〇万年前頃のものとされる初期現生人の人骨化石も発見されてきてはいるが、現代人と同じような知性を持った人類の誕生がもたらすであろう現生人に特有な文化的活動を示す遺物が、この二〇万年前あたりに全く発見されてはいないのだ。

そして、現生人の知的レベルの誕生を物語る極めて高度な石器や、洞窟壁画に代表される芸術品の出現は、二〇万年前よりはるかに時が経った、五万年前頃からなのである（5）。この時期、数十万年もの間、極めてゆっくりとした変化しかしてこなかった稚拙な石器が、技巧の凝った道具へと大きく変化しているし、その種類もそれ以前に比べるとはるかに豊かになっている。さらに、それまで全く見られることのなかった彫刻や、洞窟壁画といった芸術品が、突然のごとく出現してきている。こうしたことから、考古学者たちはこの五万年前頃に起こった突然の文化の出現を文化的爆発と呼び、この時期、人類の精神世界に何等かの変化があったものと推測してきた(3)・(5)。

ただ、近年、装飾品として用いられていたとみられる貝殻のビーズが、約七万年前の地層から発掘されてきていて、文化的爆発以前に、人類が旧人とは異なった新たな活動を行っていたことを推測させるものも浮かび上がってきている(6)。また、ごく最近まで、五万年前以前には骨を用いた道具は作られていなかったと考えられていたが、発掘が進むにしたがって、五万年前以前の遺跡からも骨を用いた道具が発見されるようになってきた。これらのことから、考古学者の中には、五万年前頃に起こった文化的爆発が、この時に、人類の心の世界に、革命とも思える大きな変化があったことによってもたらされたものであるという従来の考えを否定し、イヴの誕生した二〇万年前頃から漸次的に進化し、五万年前頃に現代人の知的レベルに達した結果であると考える人も現れてきている(7)。

ただ、先ほども述べたように、絵画や彫刻といった芸術品が現れてくるのは五万年前以降であり、もし、二〇万年前頃に現代人と同じ、あるいはそれに近い知能を持った人類が生活していたとすると、文化的爆発の起こるまでの一〇万年以上もの間の文化的営みの空白がなんとも不自然なものに思えてくる。

また、考古学的に見ても、五万年前頃から人類の活動範囲は急速に広がってきていて、やはり、そこには人類の心になんらかの大きな変化があったことを推測させる。たとえば、この五万年前頃起こった文化的爆発は、洞窟壁画の発見されたラスコーやアルタミラに代表されるフランス南部からスペイン北部の一帯だけに限られたものではなく、ヨーロッパ大陸全土に及んでいるし、ほとんど同じ時期、太平洋の島々を渡って、オーストラリア大陸まで人類が足を伸ばしていたことも分かってきている。それまで一度も足を踏み入れることのできなかったオーストラリア大陸に、人類が到達できたのは、それなりの航海技術を身につけていたからであろう。また、近年、今までヨーロッパの地でしか発見されていなかった数万年前の洞窟壁画が、インドネシアのスラウェシ島で発見され、その年代が約四万年前のものと計測されていて、この時期、アジアの地においても人類がすでに高度な絵画技術を身につけていたことが明らかになってきている(8)。このように、人類が現代人のもつ高度な知恵を獲得したことを物語る文化的爆発が、単に地球上の一地域に限られたものではなく、ほとんど同じ時期に世界のあちこちで起きていたことになる。

これらのことは、五万年前頃、やはり、人類に何らかの知的な変化が起きていたことを推測させるが、そのことを決定付ける直接的な証拠はまだ発見されてはいない。考古学者リチャード・G・クラインも、その著『*The Dawn of human culture*』(日本語訳『五万年前に人類に何が起きたか』)の中で、新人の脳へと発展を促すような何等かの変化が、五万年前頃に起きていたことを強調する一方で、約五万年前、現生人らしい行動があらわれるきっかけとなったものは何だったのか(9)。

と、疑問符だけを残している。

DNAの分析にしても、先に述べたように、現代人の祖先が二〇万年前頃にアフリカに住んでいた一人の女性に帰するという結果は見い出せても、文化的爆発の起こった五万年前頃に、人類の心に何らかの変化が起きていたことを示す直接的な証拠を発見するまでには至っていない。その一方で、この二〇万年前頃からアフリカで生活していた新人の祖先と考えられる人類が、再びアフリカ大陸を離れ、世界中に分散し始めた時期が、七万年前頃であったことがDNAの分析から明らかにされてきている(10)。

こうしたことの背景と、先に述べた七万年前頃のアフリカの遺跡で発掘された貝殻ビーズといったものを根拠に、五万年前頃に突然のように現れた人類の文化活動を新人誕生の証拠とすることを否定し、旧人から新人への移行が、二〇万年前頃から人類がアフリカ大陸を離れて世界中に分散し始める七万年前頃にかけて、漸次的に行われてきたと考える考古学者も現れてきている。というのは、人類がアフリカ大陸を離れる七万年前頃に、すでに新人へと進化していなければ、その後、遺伝的な交流が不可能なヨーロッパ大陸、オーストラリア大陸、アジア大陸に別々に生活していた民族に、五万年前頃に文化的活動が一斉に花開くことなどありえないと考えるからだ(10)。

はたして、五万年前頃、突然のように花開いたかにみえる文化的爆発は、この時期に人類が現生人へと突然のごとく進化したことによってもたらされたものなのか？　それとも、二〇万年前頃に誕生したであろう新たな人類が、漸次的に精神を進化させ、その流れの中で、文化的爆発の起きた五万年前頃に発明の力を急速に伸ばした結果なのであろうか？　この問題に関してはこれまでいくつかの考えが提案されてはいるが、それらはあくまでも間接的証拠に基づく推論であって、決定的なものは得られてはいなかった。というのは、文化的爆発をもたらしたであろう当時の人類の精神を人骨化石の中に見い出すことはできないし、たとえＤＮＡの中にその情報が秘められていたとしても、その痕跡を見つけ出すのは後ほど述べるように、それは不可能な問題だからである。

それでは、我々は、考古学の分野であれほどはっきりと浮かび上がってきている人類の文化的営みの開花を、人類の心の進化として捉えるすべを永久に得られないままなのであろうか。実は、その答えが、現代を生きる私たちの心の深層に書き残されていたのである。

3　人間性の起源と共通感覚

人が人であることの最も重要なことは、概念の世界を持っているということと、その概念の世界を創造的に統合する能力を持っているということである。それをもう少しわかりやすく表現するならば、一つの言葉、それは概念を表現したものであるが、その言葉によって、あるものやことを具体的にイメージできたり、いくつもの言葉の並びから全体の意味を組み取ったりできる能力といえる。机という言葉によって、机そのもののイメージを思い描くことができたり、そうしたイメージをもとにして、それを絵や形として表現することができるというのが、人間の人間としての能力の基盤になっている。

言葉によるコミュニケーション能力一つをとってみても、そこでは一つ一つの単語の並びから、概念の世界に全体として一つのイメージを作り上げ、そのイメージによって互いの考えを伝え合い、共有することができている。個々別々な単語を全体として意味のあるものになるよう秩序ある一つに結び付ける法則を言語学の分野では統語法と呼んでいるが、そうした統語法を本能的に持っていることも、人間に与えられた特有な能力である。これと同じように、いくつもの異なる部品を全体として秩序あるものとして結び付け、一つの機能をもつ道具や機械を作り上げることもできている。そうしたことができるのは、部分をまとめて全体で一つの概念的イメージを作り出す人間特有の力があるからである。

この部分の集まりから一つの統合されたイメージを作り上げる能力は、言葉によるコミュニケーションや道具作りだけに限らず、絵画や彫刻の製作、あるいは宗教的儀式といった、人としての営みの基盤となっている能力であり、共通感覚と呼ばれているものである。そして、この共通感覚によって、人は豊かな人間社会を築き上げてきた。すなわち、人間の持つ言葉によるコミュニケーション能力にしても、道具を作り出す能力にしても、絵画や彫刻を創る能力にしても、そうした人間に特徴的な能力が、概念的なイメージを生み出す共通感覚に支えられているということだ。それは、大地が、この地球上に生活しているすべての生物の基盤になっているのと同じように、人間性の心の基盤になっているものである。

したがって、この共通感覚の誕生こそが、人類を現代人のような考える力を持った人間へと進化させたものであり、それは、まさに新人誕生を意味していることになる。では一体、その共通感覚はいつ頃誕生したのであろうか？ これまでの考古学が、新人誕生の時期をなかなか特定できなかったのは、この共通感覚という精神世界の誕生をこれまで直接捉えることができてはいなかったからである。

というのは、共通感覚そのものは、人間性の心の基盤にはなっているものの、それ自体は心の内に秘められていて、その姿を現象の世界に直接現すことはないからである。だから、どんなにDNAを分析しても、たとえば言葉と係わる遺伝子のように、人間の営みを特徴付ける部分的機能の遺伝子を特定できても、共通感覚そのものを捉えることはできないし、人骨化石や、遺物をどんなに分析したとしても、共通感覚をそうしたものの中から見つけ出すことは本質的に不可能なことなのだ。

だから、共通感覚の誕生が、言葉によるコミュニケーションを可能にさせていることが分かっても、言葉は残されていないし、共通感覚の誕生が、複雑な道具や芸術品を生み出す力を人類にもたらしたことが分かっても、そうした遺物が作られたのが、共通感覚の誕生と同時期であったのかどうかは曖昧なままである。たとえば、今から四万年前頃描かれた人類最古の洞窟壁画が発見されているが、それだけでは、人類が遅くとも四万年前頃までには、共通感覚を手に入れていたということは言えても、では、それが一体いつのことだったのかは不確かなままである。

また、チンパンジーが道具を用いたり、旧人が道具を作っていたということからも分かるように、共通感覚が必ずしも誕生していなくても、ある程度の道具を用いたり、作ったりすることができていたから、一体どの段階の道具から、共通感覚によってもたらされたものなのかも曖昧になってしまう。また、先に述べたように、考古学の世界では、七万年前頃のものと推定される穴のあいた貝殻が発見されていて、それが装飾品として用いられていたと推測されているが、それがはたして現生人によって作られたものなのか、それとも現生人以前の人類によって作られたものなのか、難しい問題に直面してしまう。

このように、道具や装飾品といった目に見えるものだけをたよりに人類の進化を考えている限り、先に述べた古生物の化石記録から見えてきた断続平衡の現象を漸次的進化の中に組み込もうとする推論と同じように、文化的爆発も漸次的進化の延長上に位置付けられてしまうことになり、その結果、新人誕生の時期に関して、これまでいくつかの異なった見解がもたらされることになった。

私が、ここでこれから述べようとするのは、その共通感覚の誕生を具体的な形で捉えた結果である。そこからは、人類がいつ現代人のような知恵ある人間へと進化したのか、またその進化の様子がどのようなものであったのかが明らかになってくる。では、考古学からも、DNAの分析からもとらえることのできない共通感覚の誕生を一体どのようにして捉えることができたのであろうか。

4　心の遺跡としての言葉と五感との係わりの発見

共通感覚には、先に述べたように、言葉によるコミュニケーションを可能にさせたり、複雑な道具を生み出したりといった人間性の基盤となる能力が秘められているが、それは感性を表現した言葉と五感との係わりに特有の関係をも生み出している。例えば、感性を表現した言葉の一つである「明るい」という言葉は、明るい光であるとか、明るい部屋といったように、視覚刺激と係わって用いられているが、それと同時に、明るい声であるとか、明るい音というように、聴覚刺激とも係わって用いられている。ところが、明るい味であるとか、明るい肌触りといった表現はしないように、味覚刺激や触覚刺激と係わって用いられることはほとんどない。

このように、一つの言葉が五感と特有な係わりを持つのは、共通感覚という概念世界を一つに統合する力があるからである。目から入る刺激に対して抱くイメージと、耳から入る刺激に対して抱くイメージ、それらは共に概念的イメージなのだが、異なる刺激に対するイメージを一つに統合し、「明るい」という言葉によって代表させるというのは、まさに共通感覚の働きである。この言葉と五感との係わりは、「明るい」とか「さわやか」といった感性を表現した言葉のほとんどすべてに見られる。こうした係わりがあることで、人は、心の情感を詩や俳句などの形で表現することができるのである。実は、この言葉と五感との係わりに、民族的な特徴があり、それが遺伝化されていることが分かってきた(11)。そして、そこからは、共通感覚が、いつごろ、どのようにして、人類に誕生したのかが、明らかになってきた。

感性を表現した言葉と五感との係わりに民族性があり、それが遺伝化されていることとの発見は、私自身が広辞苑を一頁一頁と読み進むことの中から、突然閃いた言葉と五感との係わりへの気付きに端を発する。私は当時、長年携わってきた光ファイバー通信の研究を離れ、自然科学とは全く異なった人間研究へと研究テーマを変えたばかりであった。そして、その人間研究のスタートとして、人間の感性について研究しようと、まずは広辞苑の中から、明るい、甘い、うまい、さわやか、といった感性を表現する言葉を拾い出してみることにしたのである。その拾い出しから一体どのような研究結果が生まれてくるのか考えることもなく、ただひたすら、感性を表現した言葉にはどのようなものがあり、いくつくらいあるのかという単純な疑問に答えるために広辞苑を読み進んでいった。

感性を表現した言葉だけを拾い出すという単純な作業を朝から晩まで続ける日々が一日一日と

過ぎていくにしたがって、はたして私はこんなことをしていていいのであろうか、一体これから何が生まれてくるのであろうか、今ならまだ引き返すことができるといった悪魔のささやきとも思える不安が顔をのぞかせるようになってきた。そんな不安定な心を抱きながらも、単純な作業を一週間ほど続けていた日のある時、突如として、それらの言葉が、五感と特有な係わりをもっていることに気付いたのである。

先に述べたように、明るいという言葉は、明るい光、明るい部屋といったように、視覚刺激と係わって用いられるが、それと同時に、明るい音、明るい声といったように聴覚刺激とも係わって用いられている。これに対して、明るい味とか、明るい肌触りといったふうには用いられることがなく、味覚や触覚との係わりはない。要するに、我々は、無意識のうちに、明るいという言葉を、視覚刺激と聴覚刺激に結び付けて用いていたのである。

この発見に心躍らせた私は、それまでに集めてきた言葉が、五感と一体どのような係わりになっているのか、一つ一つの言葉について、私の心と対話しながら、その関係について調べていった。すると、そこからは、いくつかの規則的な関係が現れてきた。視覚と聴覚との係わり、視覚と触覚との係わり、味覚と臭覚との係わりなど、いくつかの五感相互の係わりがあることが見えてきた。そして、このように、感性を表現した言葉は、五感と特有な係わりをもっているのにもかかわらず、我々は、日常それらの係わりを意識することもなく、無意識にその係わりに従って言葉を用いていたのである。

私自身この発見には胸をときめかしたのだが、実は、この言葉と五感との係わりは、哲学や心理学の分野においては公知の事柄であり、共通感覚と呼ばれているものであった。しかし、私は、その発見があってからも長い間、その存在を知ることはなかった。ただ、ひたすら自分の発見した言葉と五感との係わりに酔いしれながら、次々に現れてくる新たな疑問に取り組んでいくことになった。そして、そのことが結果として、これから述べるように、これまで誰も足を踏み入れることのなかった世界に、私を導き入れてくれることになったのである。

5　現代人の心の大地・共通感覚

私が共通感覚という言葉を知ったのは、この発見があってから五年ほど経ってからのことである。この言葉の淵源はアリストテレスにまでさかのぼるといわれているが、彼は、五感の作用を考えている中で、最後に、五感相互を統合しているもう一つの感覚として共通感覚を定義している(12)。

この共通感覚は、デカルト、ルソー、カントなど、近代思想を打ち立てた先哲によっても取り上げられ、その意味合いは、五感相互を統合するというものから、概念の世界を統合するという、より人間的なものへと定義域を広げてきている(13)・(14)。そして、この共通感覚をさらに突き詰めていくと、それは人間を人間として特徴付けているもっとも基本的なものとしての能力へとたどり着く。哲学者、中村雄二郎は、こうした共通感覚のはたらきを『共通感覚論』としてまとめあげているが、そこでは、共通感覚のもつ意味合いが、言葉と五感との係わりというアリストテレスの考えた領域から、言葉、道具、時間、芸術などと係わった、まさに人間を人間たらしめる根源的な能力へと拡張されている(15)。

すなわち、言葉によるコミュニケーションにおいても、道具の発明においても、芸術品の創作にしても、社会的な活動にしても、人間の行動を特徴付けているものの心の基盤に、概念の世界を統合する共通感覚があるということである。それは、五感や直感など、いくつかの感覚を通して入ってくる諸々のものを統合させて、一つの概念的イメージを構築する能力である。

言葉によるコミュニケーションにしても、そこでは、相互に係わりのない言葉の並びから、全体で一つとなるイメージが作り上げられているし、機械にしても、個々別々な部品の集積が一つの機能を生み出しているが、それらを可能にさせているのは、人間の抱く概念世界において全体を一つに統合する共通感覚の存在である。この共通感覚によって、部分であるいくつもの単語や部品は、秩序ある全体で一なるものに並べられ、全体として一つの意味のあるものへと作り上げられる。要するに、部分を集めて全体で一つの意味のあるものに作り上げるための基盤となっているものが、共通感覚であるということだ。そして、この共通感覚こそ、人間を人間たらしめているもっとも基本的なものであり、まさに人間性の心の大地と呼べるものである。

言語学の分野では、人間が言葉によるコミュニケーションが可能なのは、人間としての種に、生まれながらにして言葉によるコミュニケーションを可能ならしめる能力が内在しているからであるとして、その能力を普遍文法と名付けているが、その普遍文法の基盤には、この共通感覚の存在がある。

要するに、人間が人間になった所以は、この共通感覚を手にしたことによる。ただ、ここで注意しておきたいことは、それほど人間にとって重要な共通感覚そのものは、科学のもっぱら対象とする現象の世界にその姿を直接見せることはできないということ、言い換えると、共通感覚の存在は、人間自身が、言葉や道具が生まれてくる源を哲学的に探求することによって始めて捉えることができるということで、それは、人間の内的世界においてのみ捉えることができるということである。そして、その共通感覚の存在によって現象界に具体的なものとして現れてきているものが、言葉であり、道具であり、先に述べた言葉と五感との係わりである。すなわち、人間行動の源には、直接目で捉えることのできない共通感覚という統合力が秘められていて、その共通感覚があるから、人間は、言葉を用いてコミュニケーションをしたり、道具を発明したり、文化活動をしたり、常識を抱いて社会的営みを行ったりといった人間に特有な活動をすることができるのである。

これは、六章以降に展開される生命の進化に関する考えを理解してもらうために、極めて大切なことであるから、繰り返し述べておくことにするが、人間には、この打出の小槌のような全体を一つにまとめ上げる統合力としての共通感覚があって、それが、道具を生み出し、言葉によるコミュニケーションを可能にさせ、芸術活動や宗教活動といった人間だけに与えられた営みを生み出す源になっているのである。

共通感覚は目には直接見えない唯一無二のものとして人間に与えられていて、人はそれを基盤として、年々歳々様々なものを生み出し、それが文化や文明を作り上げてきた。たとえば、現代社会には、車、電話、TV、インターネットなど科学技術があふれているが、そうした多様な技術も、人間の変わることのない共通感覚を基盤にして生み出されたものである。それは、世代が変わっても変わることのない共通感覚を基盤にして、時の流れの中で、新たな環境や歴史的な係わりによって新たなものが生み出され、文化や文明が変化していく、まさに、変わらぬもの（目に見えないものとしての共通感覚）を基盤として、絶えず変化する（目に見えるものとしての文化や文明）世界が展開するという不易流行の世界である。

6　人類は共通感覚をいつ獲得したのだろうか

それでは、一体人類はこの共通感覚をいつ獲得したのだろうか？　そして、それは、ダーウィンの言うように極めて微細な突然変異の蓄積によって漸次的に進化してきたものなのだろうか？　実は、この共通感覚が人間性の心の基盤になっていることは、先哲たちによって昔から気付かれ、長い間議論されてきてもいたのだが、それが一体いつ、どのようにして獲得されたのかに関しては、全く議論されてはこなかった。というのは、共通感覚が、人間を人間たらしめている心の基盤になっていることが分かったとしても、先に述べたように、共通感覚が、現象の世界に直接その姿を見せていない以上、それを現象の世界で議論することができなかったということ、そして、それがゆえに、現象の世界での一つの基準となる時間軸上に、共通感覚の誕生を乗せることができなかったからである。

共通感覚と同じように哲学的探求のテーマとなる言語に関しては、それが人類の進化と係わって、一体人類がいつから言葉によるコミュニケーションを始めたのかが議論されてきた。それは言葉そのものが、たとえ文字として残されていなかったとしても、声の響きとして現象の世界に表現されているから、具体的なものとしてとらえやすいからである。また、脳科学の結果から、脳と言語活動との係わりが明らかにされてきていて、人骨化石に残された脳構造の痕跡からも、言葉によるコミュニケーションの起源が議論できるようになってきているからでもある。

これに対して、共通感覚そのものは、人間の創造活動の基盤であるにもかかわらず、それ自体が現象の世界に直接顔を出すことがないから、先に述べたように、共通感覚の誕生や、その誕生時期に関して議論されることがなかったのである。そして、人類が現代人のような心を持った新人へと進化したのが、この共通感覚の誕生と深い係わりがあるにもかかわらず、人類の進化は、具体的に現象の世界に顔を出している道具や芸術品、そして言葉の誕生等と係わって議論されているだけで、共通感覚との係わりで議論されてはこなかった。

これからここで述べることは、まさに、共通感覚の誕生を具体的に現象の世界でとらえた結果である。共通感覚そのものは、先に述べたように、直接現象の世界で客観的にとらえることはできないけれど、共通感覚の存在によって、言葉と五感との係わりが現象の世界、すなわち、客観的世界に生み出されてくる。その言葉と五感との係わりを共通感覚をとらえる一つのセンサーとして活用できることが分かってきた。すなわち、言葉と五感との係わりは、共通感覚という内なる世界と、外なる世界である現象の世界とを結ぶ懸け橋になっているということである。その懸け橋によって、内的世界での存在である共通感覚の誕生の時期、それは人類が現代人のような心を持った時期であるが、それを特定できることが分かってきた。では一体どのようにして、言葉と五感との係わりから共通感覚の誕生時期を特定することができるのであろうか。次章では、その共通感覚の誕生時期について考えていくことにしよう。

第四章　人間性の起源としての共通感覚

1　言葉と五感との係わりに現れた民族性

感性を表現した言葉が、五感と特有な係わりがあることは先に述べた。この言葉と五感との特有な係わりは、日本人だけのものなのだろうか、それとも世界中のどの民族も同じような言葉と五感との係わりを持っているのだろうか。そうした疑問に答えるために、広辞苑から拾い出した約五〇〇語の感性用語の中から、特に五感と強く係わっていると思われる一六五語を選び出し、それらの言葉と五感との間に、どのような係わりがあるかについて、世界の様々な民族について調べてみることにした。

調査に用いたアンケート用紙は、表1に示してあるように、縦に感性を表現した言葉を並べ、横に五感と気分の合わせて六つの指標が与えられている。一六五語の感性用語は、それぞれの国の言葉に翻訳したものを用いた。この調査の結果、および、その分析結果の詳細については、拙

表 1……言葉と五感との係わりに関するアンケート用紙
およびその結果の一例

	視覚	聴覚	臭覚	触覚	味覚	気分
明るい	○	○				○
おいしい			○		○	
快適な		○		○		○
エレガント	○		○			

著『3重構造の日本人』を参照していただくことにして、ここでは、その概要について紹介することにする（1）。

一六五語の感性用語を用いて行ったアンケート調査からは、言葉と五感との係わりに、民族的な特徴があることが見えてきた。たとえば、東アジアの民族は、一つの言葉を複数の感覚と係わらせることが少なく、特に味覚と嗅覚との係わりが少ないのに対して、ヨーロッパ民族、特にポルトガル、イギリス、スカンジナビア半島等、ユーラシア大陸の西北端に住む民族の中には、一つの言葉を複数の感覚と極めて強く係わらせている人達がいる。

また、北海道から沖縄まで、日本を縦断的に調査した日本人の結果からは、日本人が、大きく三つの異なるタイプに分類されてきた。すなわち、同じ文化の中で生活し、同じ言語を用いている日本人の中に、言葉と五感との係わりに関して、三つの異なるタイプが存在していることになる（2）。

調査した諸外国の中にも、日本人と同じように、同じ民族でありながら、いくつかの異なるタイプが共存している民族もいて、同じ民族内で現れてきたいくつかの民族タイプは、サブ民族として、異なる民族として扱うことにした。その結果、調査された二一カ国から、サブ民族を含む合計二八の民族が浮かび上がってきた。それらの民族から得られたデータをクラスター分析した結果が図2である。ここで、クラスター分析というのは、得られたデータを基にして、特徴が近いもの同士から順に結びつけ、グループ分けする分析方法で、図2に示されているように、互いに近いもの同士が直線によって結ばれていて、直線の脚の長さが短いもの同士、それだけ近い関係にあることを示している。

図から、日本人の三つのサブ民族が、それぞれ異なるクラスター（グループ）に属していること、また、スウェーデン人、イギリス人、ポルトガル人、中国人の各民族は、二つの異なる特徴を持つサブ民族に別れていて、それぞれが異なるクラスターに属していることが分かる。そして、二八の民族が、A、B、C、Dと大きく四つのクラスターに分けられている。

四つに分かれたクラスターのうち、Aのクラスターは、スウェーデン人―1、日本人―1、イギリス人―1、ポルトガル人―1からなり、これらの民族は、ユーラシア大陸の西と東の端にそれぞれ生活している民族である。これに対して、Bのクラスターに属する民族は、東アジア民族を中心とするアジア系民族で占められ、その中にラテンアメリカ民族であるアルゼンチン人、メキシコ人が含まれている。Cのクラスターは、西ヨーロッパ民族だけで構成され、Dのクラスターには、東南アジア民族と地中海沿岸に住むヨーロッパ民族とが含まれている。

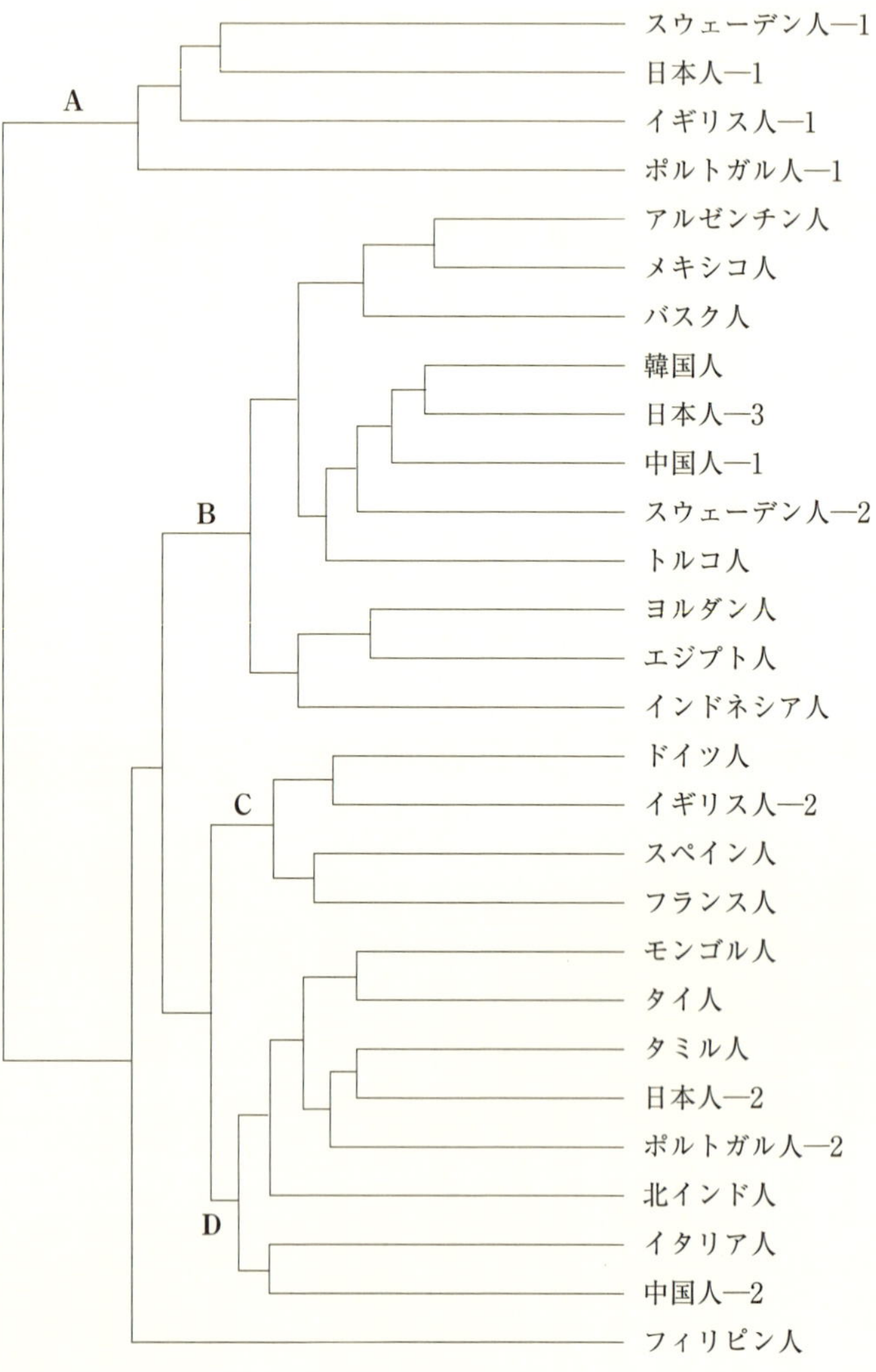
A
B
C
D
スウェーデン人—1
日本人—1
イギリス人—1
ポルトガル人—1
アルゼンチン人
メキシコ人
バスク人
韓国人
日本人—3
中国人—1
スウェーデン人—2
トルコ人
ヨルダン人
エジプト人
インドネシア人
ドイツ人
イギリス人—2
スペイン人
フランス人
モンゴル人
タイ人
タミル人
日本人—2
ポルトガル人—2
北インド人
イタリア人
中国人—2
フィリピン人

図 2…… 28 民族のクラスター分析結果

2　言葉と五感との係わりに現れた民族性とその遺伝性

このクラスター分析結果は、DNAによって分析された民族クラスターや、考古学から得られている民族分類と、かなりの点で一致している。まず、大きく分けられた四つのクラスターは、BとCのクラスターに見られるように、東アジア民族とヨーロッパ民族とをはっきりと分けているし、日本人のミトコンドリアDNAの分析からは、日本人が大きく三つの異なるグループに分かれていることが示されているが(3)、本分析結果からも日本人が三つのサブ民族に分かれてきている。

また、ここで扱ったメキシコ人やアルゼンチン人といったラテンアメリカ民族は、先住民の血をひく民族であると考えられるが、この民族の祖先は、今から遅くとも一万二〇〇〇年前頃、まだベーリング海峡が地峡としてあった頃、このベーリンジアと呼ばれる地峡を通ってアメリカ大陸に移動した東アジア系民族であることが考古学およびDNAの分析から明らかにされていて、本分析結果では、そのことがはっきりと示されている。さらに、DNAの分析結果や人類学の分野からも、地中海沿岸に住む民族と、東南アジア民族との間に深い係わりがあることが指摘されているが、本分析結果のクラスターDはそのことを物語っている。

また、先に述べた東アジア民族とラテンアメリカ民族とに見たように、各クラスターに属する民族の係わりは、考古学的な民族履歴と深い係わりがある。東アジア民族とラテンアメリカ民族との係わり以外に、クラスターAに属する民族の祖先は、ミトコンドリアDNAの分析から得られているXと名付けられた謎の民族と符合してくる(4)。この民族はヨーロッパ人の一部と北アメリカの一部の先住民族にだけみられ、そのルーツが謎とされてきたが、最近の研究から、南シベリアのアルタイ語族の中にもみられることが分かってきていて、東ヨーロッパから中央アジア、さらには中央シベリアにかけて広く移動し、生活していた民族であると考えられている。この民族は、ミトコンドリアDNAの分析から、人類が出アフリカを果たして間もない七万年前頃、いち早く他の民族から分離した民族であり、最初期に中央アジアから東ヨーロッパへと足を踏み入れた民族であると考えられる。この民族が西と東とに別れたのが、三万年から四万年前頃であるとされている(4)。

この時期、ヨーロッパ大陸を西に進んだ民族はクロマニヨン人となった民族であると推測されるが、その民族の子孫が、ポルトガル人、イギリス人、スウェーデン人の一部となり、図2のクラスターAに属する民族となっているものと考えられる。一方、シベリア大陸を東に進んだ民族は、やがて日本にたどり着き、アメリカ大陸へも移動した民族であり、その子孫が、現在、日本人――1の感性を抱いて生活している人々であると推測される。

先に述べたように、この民族は、出アフリカを果たした民族の中で最初期にユーラシア大陸の北の地に足を踏み入れた民族と考えられ、その後次々にユーラシア大陸に移動してくる民族によって分断される形で、ユーラシア大陸の西と東の端に生活するようになったのであろう。

したがって日本人—1は、日本列島に最初に移り住んだ新人と考えられ、縄文人の一部となっているものと考えられる。実際、岡山県笠岡市の津雲貝塚から発掘された縄文晩期の人骨の形態的特徴は、クロマニョン人の特徴と極めてよく一致していることが明らかにされていて(5)、クロマニョン人とルーツを共にする民族が、日本に移り住んでいたことをより確かなものにしてくれる。

また、日本語の起源の一つと考えられている言語にタミル語があるが、そのタミル語を語るタミル人と日本人との間に強い係わりがあることも、図2の分析結果には現れてきている。タミル人は、現在、インド大陸の南部やスリランカに住む民族であるが、そのタミル人の語るタミル語が、日本語の起源ではないかという言語学者大野晋の論に対して、言語学の分野では賛否両論激しく議論されてきた(6)。その議論の中で、否定的な論拠の一つとして、タミル人が日本列島にやってきた考古学的な証拠がないことが指摘されていた。

そういう状況を目にした私は、ではタミル人の言葉と五感との係わりは一体どうなっているのか、私の研究から何かこうした論争に明かりをともすことはできないだろうかという好奇心もあって、実際にタミル人の言葉と五感との係わりについて調べてみることにした。そこから得られた結果は、図2のクラスター分析が示すように、日本人—2とタミル人との係わりが極めて強いことを浮かび上がらせてきた。

ただ、この結果とタミル人が日本列島にやってきた考古学的証拠がないということとを合わせて判断すると、日本にやってきたのは、現在インド南部やスリランカに生活しているタミル人の祖先ではなく、そのタミル人と元々ルーツを一緒にするドラヴィダ族の一部の民族であったものと考えられる。

ドラヴィダ族は、元々はインダス文明を築き上げた民族と考えられているが、そのインダス文明が崩壊した時、いくつかの民族に分かれて、その一部はインド大陸を南下してタミル人となり、他の一部は、インド大陸北部を横切り、中国・長江のほとりで生活する民族となった。その民族が弥生時代の始まる頃、中国南部、江南省あたりから、稲作文化を携えて日本にやってきたことが推測されている。

以上のことから、日本語とタミル語との類似性は、日本人とタミル人との直接的な係わりから生まれてきているというよりも、ドラヴィダ族という共通の祖先を介しての係わりから生まれてきているものと判断できよう。いずれにしても、タミル人と日本人—2の民族的ルーツは同一の祖先にあることは確かなようだ。

さて、三つの民族からなる日本人のうち、もう一つ残された民族は、クラスターBに属する東アジア民族と係わる民族である。この民族の日本列島における人口比率は、北海道から東北、中部地方にかけて漸次的に減少してくる流れの中で、近畿地方で七〇パーセント以上を占めるほど高くなり、中国、九州地方へと行くにしたがって再び減少傾向にある。そして、沖縄では、再び七〇パーセント以上と高くなっている。

この人口分布から、日本人—3が、主として三つの異なるルートで日本に渡来してきたことが推測できる。一つは、樺太経由で北海道、東北地方へと南下してきたもの、二つ目は、中国大陸から沖縄に渡ってきたもの、そして三番目は、朝鮮半島から中国、近畿地方へと渡ってきたものである。このうち、樺太経由で入ってきた民族と、沖縄に入ってきた民族は、縄文時代の始まる以前に日本列島に移動してきた民族であるのに対して、朝鮮半島から中国、近畿地方へ入ってきた民族は、弥生時代の始まる頃渡来してきた民族であると考えられる。

かつて、考古学者であった埴原和郎は、日本人の人骨化石の分析から、日本人を縄文人と弥生人の二つの人類に大きく分けることができるとして、日本人二重構造説を論じたが(7)、それは、上で述べた日本人—3の民族の時代を経た渡来人であったものと考えられる。すなわち、南方から北上してきた日本人—3の民族が、今から二万年前頃に二つに分かれ、一つは、太平洋沿岸に沿って北上し、北と南から日本列島に移り住み、縄文人となり、もう一つの民族は、中国大陸の内陸部を北上し、中国北部に居を構え、その地に一万年以上の間生活した後、弥生時代の始まる頃南下し、朝鮮半島から日本に渡来して弥生人となった。このため、元々同じルーツを持つ民族が、それぞれが異なった環境のもとで、二つの異なる形質へと変化したために、形態的には異なる民族としてとらえられたのであろう。

さて、これまで見てきたように、言葉と五感との係わりから分析された日本人の民族性は、ミトコンドリアDNAによる分析結果とも、日本考古学が明らかにしてきた日本人のルーツや言語学の結果とも、なんら矛盾するところはない。また、ここで得られた民族分類は、これまでに得られている考古学的な研究結果と一致するだけではなく、これまで考古学上謎とされていた民族のルーツをも明らかにしてきている。たとえば、フランスとスペインの国境にあるピレネー山脈の麓には、そのルーツが謎に包まれたままの民族バスク人が、一万年以上にわたって、今もなお独立した民族として生活しているが、図2には、そのバスク人がアメリカ先住民や東アジア民族と係わりがあることが示されている。

私が、これらの分析を行っていた一五年程前、バスク人と東アジア人とを結びつける科学的証拠は全く見当たらなかった。バスク語とアイヌ語が似ているとか、バスクの風習が日本の風習に似ているとか、文化的な共通点を指摘することはできても、科学的データによる両者の関係を云々するものは全くなかった。しかし、最近になって、DNAから人類のルーツを研究する分子進化学者のデータから、バスク人が中南米の先住民と深い係わりがあることが示されてきて、東アジア人との間にも係わりがあることが推測できる(8)。

このように、図2に示された分析結果は、DNAによる分析結果とも極めてよく一致しているし、各クラスターに分類された民族間の考古学的履歴の関係においても、これまで得られているデータとの係わりに高い一致が見られる。したがって、言葉と五感との係わりに現れる民族的特徴が、遺伝と強く係わっていることはまちがいないであろう。

それでは、言葉と五感との係わりの民族的特徴は一体何を物語り、どのようにして遺伝化され

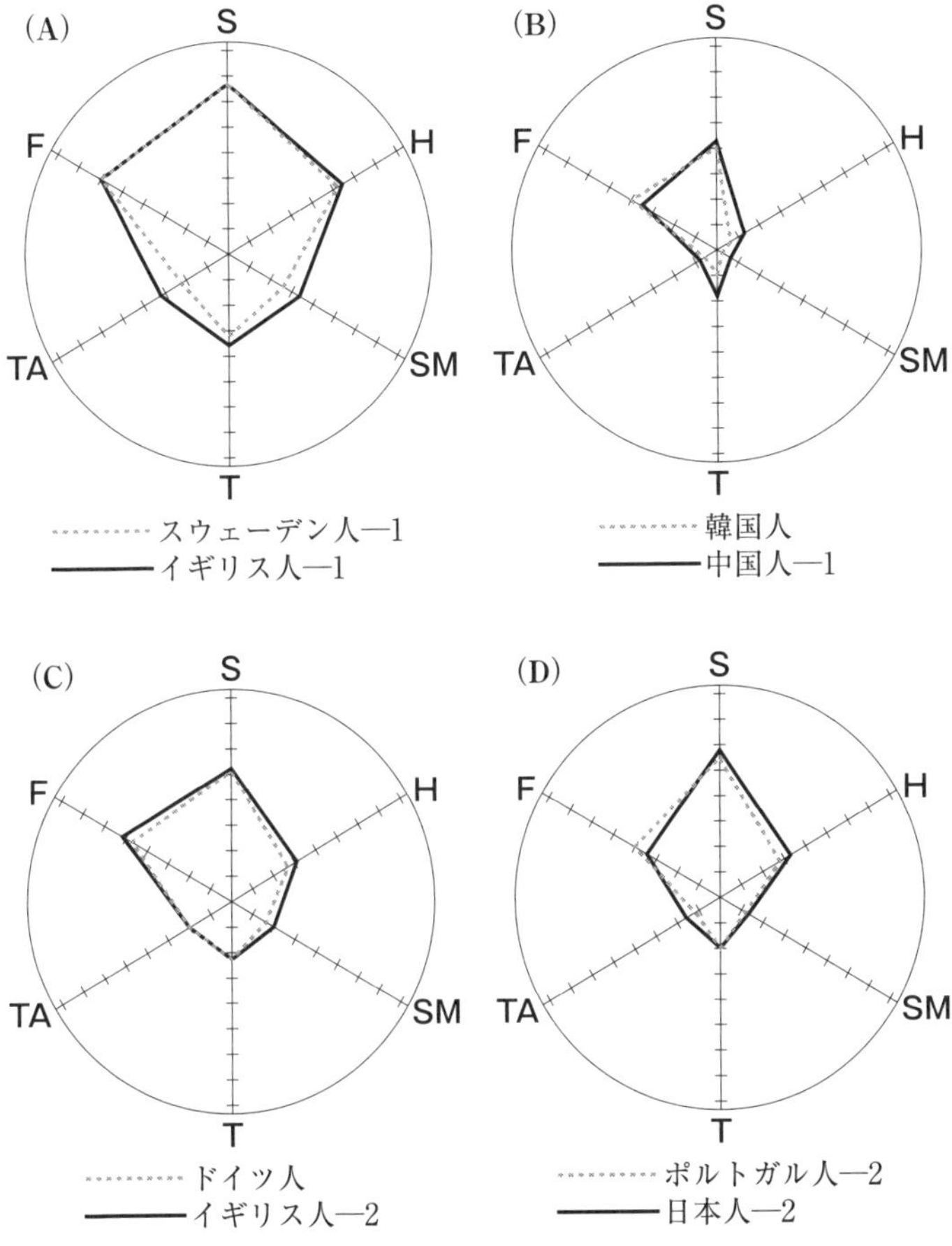

図3……各民族の言葉と五感との係わりを表現したレーダーチャート図
S：視覚　H：聴覚　SM：嗅覚　T：触覚　TA：味覚　F：気分

たのであろうか？　そのことを考えるために、言葉と五感との係わりがそれぞれの民族でどのような特徴を持っているのか、まずは見ていくことにしよう。

3　言葉と五感との係わりに見られる民族的特徴

図2に示されているクラスター分析結果の中で、大きく四つのクラスターに分類された各民族の言葉と五感との係わりの特徴を図3にレーダーチャートによって示してみた。それぞれのレーダーチャートは、六つの軸からなり、それぞれの軸が、五感に気分を含めた六つの指標に対応している。各軸の最大値は一六五で、調査に用いた言葉の数になっている。一六五の言葉全てが、たとえば視覚と係わった場合には、視覚の値は一六五となる。したがって、レーダーチャートによって描かれた六角形の面積が大きいほど、一つの言葉が五感と豊かに係わっていることになる。

このレーダーチャートによって各クラスターに属する民族の特徴を見ていくと、クラスターAに属している民族は、言葉と五感との係わりが、他の民族に比較して極めて豊かである。これに対して、クラスターBに属する民族は、レーダーチャートの作る六角形の面積が狭く、それだけ、言葉と五感との係わりが少ないことが分かる。また、クラスターBに属する民族は、味覚と嗅覚とに係わる言葉の数が極めて少ないという特徴をもっている。

それでは一体、こうした民族的特徴は何に由来しているのだろうか？　そのことを考える上で重要なことは、一つの言葉が、複数の感覚と係わって用いられるのは、全体を一つの概念的イメージの中で統合させる共通感覚の働きによるということである。

明るいという一つの言葉が、視覚刺激や聴覚刺激と係わって共通に用いられるということは、複数の刺激と係わった心模様を一つの言葉でイメージできる力があるからであり、その力こそまさに共通感覚である。そして、各民族に特有な言葉と五感との係わりが遺伝性をおびているということは、一つの言葉によってイメージされる心模様が、イメージの鋳型となって遺伝化していることを物語っている。

すなわち、一つの言葉が複数の感覚に共有して用いられる傾向の強い民族は、どのような言葉に対しても複数の感覚と係わらせてしまうようなイメージの傾向性があるということである。逆に、一つ一つの言葉と五感との係わりが弱い民族は、一つの言葉を少数の感覚としか関係付けないようなイメージの傾向性が宿っていることになる。

図3に示されているように、クラスターAに属する民族の言葉と五感との係わりは極めて強く、この民族は、感性を表現した言葉の多くを五感と豊かに係わらせている。これは、その民族の持つイメージの傾向性である。このことは、一六五語の感性用語から、数十語を任意に選び出し、それらに対するアンケート結果を用いて民族間のクラスター分析をしても、一六五語で得られた結果とほとんど同じ結果を示していることからも分かる。すなわち、図2の結果は、分析に用いる言葉にそれほど大きく左右されないということである。

また、この結果を主成分分析という方法で分析すると、言葉と五感との係わりが意識的なものと無意識的なものとに分けられることが分かってくる。すなわち、明るいという言葉は、通常は視覚と係わって用いられているが、それは意識と係わっているのに対して、同じ明るいという言葉が、聴覚や嗅覚と係わって用いられるのは、連想による無意識的な働きによるということである。そして、全ての民族において、感性用語一つ一つの意識と係わる感覚は、ほとんど同じであるのに対して、無意識と係わった連想による感覚は、民族によって異なっていて、そのことが、言葉と五感との係わりに民族性をもたらしているのである。

したがって、日本語を基本にして各民族言語に翻訳した時に、日本語のもつ意味と必ずしも完全に一致する単語が得られなかったとしても、結果においては、それがこの分析結果にそれほど大きな影響を与えてはいないということである。要するに、この分析結果が示している民族性は、言葉と五感との係わりが、言葉の意識と係わった意味から生まれてくる差異によってではなく、言葉によって連想されるイメージの傾向性の差異にあるということである。このことは、同じ日本語で調査された日本人が三つの異なるタイプに分かれていることからも分かる。たとえ言葉は同じであっても、イメージの傾向性が異なれば、言葉と五感との係わりは異なってくる。そして、このイメージの傾向性が、今を生きる私たちの心の無意識の世界に遺伝として深く刻み込まれていたのである。それでは、各民族に特徴的なそのイメージの傾向性は、一体どのようにして生まれてきたのだろうか？

4 言葉と五感との係わりに見られる民族的特徴の由来

感性を表現した言葉が五感と深い係わりを持っているということは、それらの言葉が、五感を通して入ってくる刺激がもたらす心模様、すなわち感性と深い係わりを持っているということである。そして、その感性は、人が生活している風土と密接に結びついている。たとえば、「さわやか」という言葉によって表現される心模様に対して、五感への刺激が豊かな森林的な風土で生活していた民族では、その心模様に対して、それと呼応する視覚刺激、聴覚刺激、臭覚刺激、触覚刺激などが同時に心に焼きついてくるであろう。

新緑に満ちた世界では、まばゆいばかりに新緑がさわやかさと重なってくるであろうし、そこから放たれる芳香は、また嗅覚刺激となってさわやかさと重なり合ってくるであろう。小川の清水の音も、さわやかさをもたらすことになるであろうし、清水によってもたらされるであろう涼風も、さわやかさを運んでくるであろう。こうして、さわやかという心模様は一つであっても、そこには、視覚刺激、聴覚刺激、嗅覚刺激、触覚刺激とが係わってきて、さわやかという一つの言葉に複数の感覚が係わってくる。

これに対して、砂漠的な風土で生活していた民族には、五感から入る刺激が乏しく、それだけ、一つの心模様が、単独の感覚としか係わらないようになってくる。そのために、一つの言葉と係わる感覚は、一つあるいは多くても二つといったように、少ないものになってくる。このように、各民族に見られる言葉と五感との係わりの特徴は、共通感覚が誕生した時の各民族が生活していた風土と深い係わりがあるものと考えられる。

すなわち、人類に共通感覚が誕生した時、人類はすでにいくつかの民族に分かれ、それぞれが異なった風土の下で生活していて、その風土と係わった五感への刺激が、共通感覚の誕生によって、言葉と五感との係わりをイメージさせるイメージの鋳型となって遺伝化したということだ。

以上のように、人間を人間たらしめている根源的な統合力である共通感覚は、人類に共通に誕生したのであるが、その共通なものが存在することによって生まれてくる言葉と五感との係わりは、共通感覚が誕生した時に、各民族が生活していた風土によって規定され、各民族に特徴的なイメージの鋳型を作り上げたにちがいない。

このことは、火山の爆発によって流れ出るマグマを譬えにして考えると、より理解されやすいであろう。マグマが固まることが共通感覚の誕生であるとすると、マグマは、火山の爆発によって四方八方へと流れていく。南麓に流れ出たマグマは、豊かに生えた草木を巻き込んで固まっていく。これに対して、草木の生えない石ころだらけの北麓に流れ出たマグマは、石ころを巻き込んで固まっていく。南麓に流れ出たマグマも、北麓に流れ出たマグマも、同じマグマではあるが、固まったマグマの中には、草木と石ころという環境に根ざした異なりが生まれてくる。言葉と五感との係わりは、共に同じ共通感覚に根ざしているのであるが、その係わりの民族的特徴は、マグマと草木、マグマと石ころの関係のように、各民族の生活していた風土によって規定され、イメージの鋳型として心に刻みこまれたのであろう。

したがって、図3から分かるように、言葉と五感との係わりが豊かであるクラスターAに属する民族の祖先は、共通感覚が誕生した時、五感への刺激に富んだ森林的風土の中で生活していたものと考えられる。これに対して、クラスターBに属する民族の祖先は、刺激の乏しい砂漠的風土の中で生活していたことが推測できる。

5　言葉と五感との係わりの民族性の形成と共通感覚の誕生との係わり

さて、ここでもう一つ重要な問題を考えておく必要がある。それは、言葉と五感との係わりを生み出すイメージの鋳型が遺伝化された時期と、共通感覚が誕生した時期との係わりである。先にマグマの譬えで述べたように、マグマの固まる時期と、そのマグマが草木や石ころといったものを内に取り込む時期とは、ほとんど同じであるといえるが、それと同じように、言葉と五感との係わりに見られる民族的特徴の形成が、共通感覚の誕生と同時期であったのであろうか？　それとも、共通感覚が誕生した後で、言葉と五感との係わりの民族性が、風土と係わって漸次的に確立されていったのであろうか？

もし、言葉と五感との係わりの民族性が、共通感覚が誕生してから漸次的に確立されていったのだとすると、風土が変化するると、それにつれて民族的特徴も変化してくることになろう。すると、図2のクラスターAに見られるように、ユーラシア大陸の西と東の端にそれぞれ生活している民族の言葉と五感との係わりの民族性が似たものになっていることに説明がつかなくなってしまう。それらが似たものであるということは、共通感覚が誕生した以降、この遠く離れて生活している二つの民族の風土的履歴が、ほとんど同じであったことになってしまうからだ。

また、言葉と五感との係わりから、日本人が三つの異なる民族から成り立っていることが分析されているが、もし、この言葉と五感との係わりの民族性が、漸次的に変化しているとするなら、同じ風土の中に少なくとも何千年と一緒に生活している人類の特徴は、均一になってもよさそうである。それにもかかわらず、三つの民族は、はっきりと異なった言葉と五感との係わりを示している。さらに、バスク人とアメリカ先住民とが分かれたのは、東アジア民族の一部がベーリング地峡を渡って新大陸に足を踏み入れた今から少なくとも一万二〇〇〇年以上前のことであり、この両者の民族性が極めて近いということは、一万年以上にわたって言葉と五感との係わりの民族性にはほとんど変化がなかったことを意味している。これらのことを考えると、言葉と五感との係わりに見られる民族性は、漸次的に育まれたというよりも、かなり短期間に遺伝化され、それ以降はほとんど変化することなく、現在に至っているものと考えられる。

ただ、遺伝化ということは、ゲノムのどこかに、言葉と五感との係わりの民族性と係わる遺伝子が形作られているということになるのであろうが、そうした遺伝子の形成は、短期間というより、瞬時的に近いものであったのではないだろうか。また、共通感覚が誕生してから、時期を離れて民族性が確立されたのだとすると、先ほどのマグマの例において、マグマが固まった後、そのマグマの中に草木や石ころを入れるような不自然なことになってしまう。こうしたことを考えると、民族性の遺伝化は、瞬時的かつ共通感覚の誕生と同時的であったと判断できよう。

共通感覚そのものが、まさに、言葉と五感との係わりという概念的イメージを創出できるイメージ力を持っているのであるから、共通感覚が誕生し、概念の世界を統合する力を得たのにも係わらず、言葉と五感との係わりを生み出すイメージの鋳型が、共通感覚の誕生より後から生まれてきたとは考えがたい。言葉と五感との係わりの民族性は、共通感覚の誕生と同時的かつ瞬時的に形作られ、遺伝化されたと考える方が自然であろう。それは、光がある像を印画紙に焼き付けるように、共通感覚の誕生が、心の印画紙に風土をイメージの鋳型として焼き付けたということだ。

これまで述べてきたように、共通感覚は、ヒト種をヒト種たらしめる概念世界を統合する力であるが、そうした統合力が誕生する時、その統合力は環境との係わりも含めて全体で一なる状態で定着したのではないだろうか。すなわち、共通感覚の誕生は、人類に概念世界をもたらし、それを統合する力を与えることになったのだが、その統合する力は、環境との係わりをも含めて、概念世界全体を一つに統合する力として誕生したということだ。これまで見てきたように、言葉と五感との係わりの民族性は、共通感覚が誕生した時の各民族の生活していた風土と係わりがあったが、これは、まさにそのことを物語っているように思える。そして、このことは人間だけに限られたものではなく、他の様々な生物種においても同じように言えるのではないだろうか。

様々な種を構成する個々体が、環境と調和しながら生活していて、これを本能と呼んでいるが、この本能の源は、人間の共通感覚と同じように、それぞれの種にとっての固有の統合力に由来しているように思える。そうした種に特有な統合力が誕生する時、その統合力は、その種の生活する環境を含めて、全体で一となる状況にゲノムを作り上げるために、それぞれの種の本能行動が、その種を取り巻く環境と調和したものになっているのではないだろうか。このことに関しては、後ほど詳しく考えてみることにする。

さて、話を共通感覚の誕生にもどすと、これまで述べてきたように、言葉と五感との係わりの民族性は、共通感覚の誕生と同時的に形成されたといえるであろう。ただ、ここで注意したいことは、遺伝化されたのは、先に述べたようにイメージの鋳型、すなわちイメージの傾向性であるということだ。その鋳型の上に、時の流れと共に新たに生まれてくる言葉が当てはめられ、一つ一つの言葉に、イメージの鋳型によって特徴付けられた五感との係わりが生まれてきているということである。だから、日本人のように、同じ言語を使っている民族の中に、異なった言葉と五感との係わりを持つサブ民族がいたり、バスク人と東アジア人との係わりのように、異なった言語を使っている民族間で、言葉と五感との係わりが同じものになったりすることになるのである。要するにイメージの鋳型が心の基盤にあって、どんな言語であれ、どんな言葉であれ、同じイメージの鋳型を持つ人には、言語や言葉に左右されない、似たようなイメージが創出されるということである。

共通感覚の誕生は、人類に概念の世界というそれまでの生物にはなかった新しい世界をもたらしたのであり、それは、まさに新しい種の誕生、現代人の心を持った新たな種としての新人誕生に他ならない。その共通感覚が、一体どのように遺伝子の中に組み込まれているのかについての議論はしばらくおいておくことにして、それは、新人を新人たらしめるもっとも根源的なものとして、我々人間の遺伝子の基盤となっているものであろう。そして、この共通感覚の基盤の上に、先のマグマの譬えのように、風土に根ざしたイメージの鋳型が、共通感覚の誕生と同時的に確立され、そのイメージの鋳型が、言葉と五感との係わりとなって現れてきているのである。

そして、このことは、言葉と五感との係わりだけではなく、後ほど述べるように、言葉によるコミュニケーションや芸術品の製作、さらには豊かな社会性といったような共通感覚を基盤とする現生人のもつ多様な能力も、この共通感覚の誕生と同時的に生まれたものと考えられる。すなわち、共通感覚の誕生こそ、人類を現代人のような知恵を持った生命体へと進化せしめた根源的なものであったということだ。そして、共通感覚が誕生した時の人類の心の化石が、言葉と五感との係わりとなって表面化してきたのである。

生物学の世界では、同じ種であっても、環境の異なりによって、形態も行動も異なることが知られていて、これらを亜種と呼んでいるが、イメージの鋳型の異なりは、人間の精神世界に亜種としての民族性をもたらしていて、ひょっとしたら、こうしたイメージの鋳型の民族性が、文化の異なりや、考え方の異なりに少なからぬ影響を与え、それぞれの民族に特有の文化を生み出す原動力になってきたのかもしれない。

人類学者レヴィ＝ストロースは、日本文化のもつユニークさの源が、多様な民族が一つの島国に同居していることにあることを指摘しているが(9)、日本の中に少なくとも三つの異なるイメージの鋳型を抱いた民族が、数千年という長きにわたって同居してきたことが、感性豊かな日本文化の基盤になっているのかもしれないというのは、あながち間違った推論でもないのではないだろうか。ま、それはともかくとして、それでは一体、共通感覚はいつ誕生したのだろうか？

6 共通感覚が誕生した時期

共通感覚の誕生時期について考える上で重要になるのは、人類に共通感覚が誕生した時、人類はすでにいくつかの民族に分かれ、別々の地で生活していて、それぞれの民族に独立に共通感覚が誕生していたということである。というのは、もし、一個体に誕生した共通感覚が、交配によって人類の中に漸次的に浸透していったのだとすると、共通感覚の誕生と同時的に生まれたであろうイメージの鋳型も同時に遺伝され、そのイメージの鋳型によって生み出される言葉と五感との係わりが、全ての民族で同じものになってしまうからである。言葉と五感との係わりに民族性があるということそのことが、共通感覚がそれぞれの民族に独立に誕生していたことを物語っていることになる。

それと、共通感覚の誕生時期について考える上でもう一つ大切なことは、各民族に独立に誕生した共通感覚が、それぞれの民族に異なった時期に別々に誕生していたのか、それとも、同時的に誕生していたのかという問題である。これまで見てきたように、共通感覚は、現生人としての活動を支える心の基盤であり、それが人類に豊かな創造性をもたらしていること、そして、それが、ヒト種をヒト種たらしめる最も根源的なものであることを考えると、こうした高度な能力が、新たな遺伝子の誕生によってもたらされたものなのか、それとも他の要因によるものかはともかくとして、それぞれの民族に、何千年も何万年も隔たった別々な時期に、個々独立に誕生していたとは考えがたい。そのメカニズムはともかくとして、ヒト種をヒト種たらしめる心の基盤としての共通感覚は、ヒト種に特徴的な唯一無二のものであり、それぞれの民族に同時的に誕生していたと考える方が自然ではないだろうか。

すなわち、先ほどのマグマの譬えに見たように、マグマとしての共通感覚は、全ての民族に同時的に誕生したのに対して、マグマの内に宿った風土的特徴としてのイメージの鋳型は、共通感覚の誕生と同時に、各民族に固有のものとして、それぞれ独立に形作られたということだ。共通感覚の誕生が、地理的に離れていたいくつかの民族に同時的に誕生していたということが一体どういうことなのか、にわかには理解できないかもしれないが、このことに関しては第六章においてより詳しく述べることにする。

さて、言葉と五感との係わりを生み出すイメージの鋳型が、共通感覚の誕生と同時的に形成され、共通感覚が別々の地に生活していたいくつかの民族に、同時的に誕生していたというこれまでの考察をもとにして共通感覚の誕生時期を考えていくと、図2に示されているクラスター分析結果に、極めて重要な情報が秘められていることが分かってくる。

その一つは、現在ユーラシア大陸の西端と西北端に生活しているポルトガル人、イギリス人、スウェーデン人の一部と、東端に生活する日本人の一部とが同じクラスターAに属しているということである。先に述べたように、共通感覚の誕生と機を同じにしてイメージの鋳型が形作られ、遺伝化されていることを考えると、これらの民族の言葉と五感との係わりの傾向が同じものであるということは、共通感覚の誕生が、これらの民族が分離する以前であったと判断できる。すなわち、共通感覚の誕生が、これらの民族がまだ同じ場所、同じ風土の下で一緒に生活していた時に起きていたから、同じ風土の下で同じイメージの鋳型が形作られ、その後、それぞれが別々の地に生活し、異なった言語を用いるようになっても、同じ言葉と五感との係わりを抱き続けているのである。

これらの民族は、先に述べたように、出アフリカを果たした後、最も初期にユーラシア大陸の北の地に足を踏み入れた民族であり、四万年前から三万年前頃の間に西と東とに別れて、それぞれの道を歩むことになった民族と考えられている。したがって、遅くとも三万年前頃までには人類は共通感覚を手にしていたことになる。

図2のクラスター分析に秘められたもう一つの重要な情報は、東アジア民族とヨーロッパ民族との係わりである。図3に見られるように、東アジア民族と、ヨーロッパ民族との間では、言葉と五感との係わりに大きな違いが見られる。このことは、共通感覚の誕生が、この二つの民族、すなわち、図2のクラスターBに属する民族と、クラスターCに属する民族とが別れた以降であったことを物語っている。この二つの民族が別れた時期は、ミトコンドリアDNAの分析によって特定されていて、それは七万年前頃のことである(4)。したがって、共通感覚の誕生は、七万年前以降ということになってくる。

以上のことから、共通感覚が誕生したのは、図4に示したように、七万年前以降、三万年前以前であったと推測できる。この時期は、まさに、あの考古学の世界での一つの謎とされている文化的爆発の起きた時期と重なり合ってくる。

文化的爆発に関しては、先に述べたように、それまで一〇〇万年もの間極めてゆっくりとした

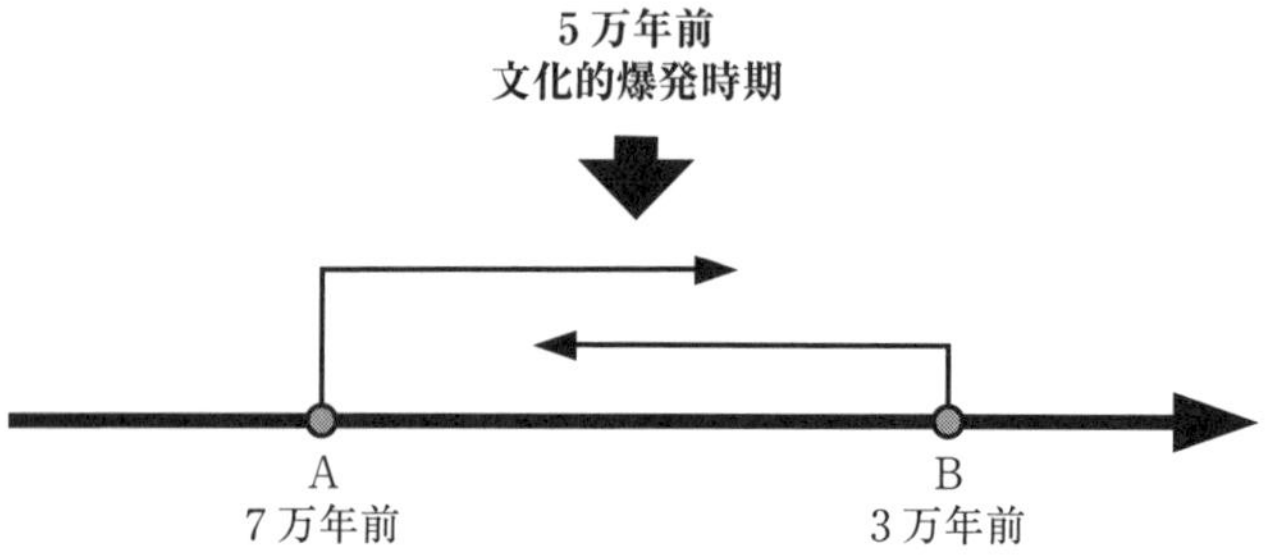

図4……共通感覚の誕生した時期

A：東アジア民族（クラスター B）とヨーロッパ民族（クラスター C）とが分かれた時期
B：日本人—1 とクラスター A に属するヨーロッパ民族とが別れた時期

変化しか示していなかった石器製作技法が、突如としてこの時期新たなものへと変化している し、それまで石だけを使っていたものから、象牙や木片、さらには貝殻といったように、石器の材料も多様化し、さらに木目の細かい石器へと大きく変化している。とにかく、この時期を境にして新たに作られるようになった石器は、考古学者に「一目見ただけで人工石器であると容易に判別できる」と言わしめるほど、技巧のこった石器へと変化していて、そこには新たな知恵による技術的革新があったことを確信させてくれる。また、この時期以降、洞窟壁画や彫刻といった芸術品が現れ始め、それが急速に発展してきてもいる。

一九九五年に、フランスのショーヴェ洞窟で発見された当時としては最古の洞窟壁画には、生き生きとした動物たちの姿が描かれているが、それは、三万二〇〇〇年前頃のものである。これらの壁画が物語っていることは、人類が三万年前頃には、すでにかなり高度な絵画技術を発展させていたということである。また、最近になって、スペイン北部にあるアルタミラを代表とする一一の洞窟に描かれた壁画が改めて年代測定されたが、その結果からは、四万年ほど前に描かれたものも発見されてきている(10)。そうした壁画には、四万年ほど前の極めて稚拙なものから、次第に高度な描写へと発展していく様子が見られる。こうした結果は、人類が遅くとも四万年ほど前頃には壁画を描き始めていたこと、さらに、その技術が数千年の間に、極めて高度なものへと進歩していたことを物語っていて、人類が現生人と同じような能力をもったのが、これらの壁画が描かれ始めた時期よりそれほど遠くない時期であったことが推測できる。

また、女性の体を彫刻にしたヴィーナス像は、ヨーロッパ全土から発掘されていて、一番古いもので、三万五〇〇〇年前頃のものが近年発掘されている(11)。これらの洞窟壁画や彫刻などのような芸術品は、五万年前以前の遺物としてはこれまでまだ発見されてはいない。また、道具にしても、五万年前頃を境にして、先に述べたように、技巧のこったものが生み出されているし、中には、彫刻が施されているものもあり、単なる機能から、芸術性を重んじる道具へと変化したことがうかがえる。

さらに、この時期、太平洋の島々を渡り、オーストラリア大陸まで人類が足を伸ばしていたことが推測されている。それまで、アフリカ大陸やユーラシア大陸から海によって切り離されていたオーストラリア大陸に、この時期人類が渡って行けたのは、それなりの航海術を発明したからにちがいない。また、先に述べたように、これまでヨーロッパの地にしか発見されていなかった太古の洞窟壁画が、最近インドネシアのスラウェシ島で発見され、その時期が四万年前頃と推定されてもいる。すなわち、この時期、ヨーロッパ大陸に生活していた民族だけではなく、広く太平洋の島々に生活の地を求めて進出していった民族においても、それまでとは違った高い知能が誕生していたことになる。そして、このことは、相互には交配の可能性の全くと言っていいほどないヨーロッパ大陸やアジア大陸といった別々の地に生活していた民族に、空間の壁を越えて、ほとんど同時期に心の進化が起きていたことになる。

このように、五万年前頃に急速に起こった人類の文化の萌芽は、先の分析から導かれたように、現代人を現代人たらしめている共通感覚が、この時期、空間の壁を越えて、それぞれの民族に同時的に誕生していたことをより確かなものにしてくれる。そして、人類はその共通感覚という新たな精神世界を獲得したことによって、現生人へと進化し、文化的爆発が示すような現代人と同じ精神活動を営み始めたのではないだろうか。

さて、これまでの流れをここでもう一度整理してみると、言葉と五感との係わりに民族性があり、それは遺伝と深く係わっていた。それが遺伝化されたのは、人類に人を人たらしめる共通感覚が誕生したことによるが、その共通感覚は、すべての民族に同時的に誕生していたことが推測された。その推論に基づいて、言葉と五感との係わりから導かれた民族のクラスター分析結果と、考古学および分子生物学から導かれた結果とを比較することで、共通感覚が七万年前以降、三万年前以前に誕生していたことが導き出された。そして、この共通感覚の誕生した時期は、考古学の世界で謎とされている文化的爆発、すなわち、人類の人間としての文化的活動が突然のごとく生まれてきた時期と重なり合った。このことは、文化的爆発が、人類の心の内に起きた共通感覚の誕生によるものであることをより確かなものにしてくれると同時に、その共通感覚が空間の壁を超え、別々の地に住んでいた各民族に同時的に誕生していたことを実証するものでもある。これは、後ほど生命の進化について議論する上で、極めて重要な事実となってくるので心にとどめておいていただければと思う。

さて、ここで生物の進化を考える上で注意しておかなければいけないことは、これまでのDNAの分析では、文化的爆発の起きた時期に、人類に大きな変化が起きていたことを示す決定的な証拠が発見されてはいないということである。言葉と五感との係わりのような人間の内面を探求した結果からは、先に見たように、文化的爆発と共鳴する共通感覚の誕生を導き出すことができたのに、DNAの分析結果からは文化的爆発と共鳴する変化が発見されないのは一体なぜなのか。それは、見える世界としての現象の世界を扱う科学の限界によるのだが、このことに関しては、第六章において詳しく述べることにする。

ところで、共通感覚の誕生時期に関して、ここで一つ注意しておかなければならないことがある。それは、これまでの分析から浮かび上がってきた共通感覚の誕生時期は、図4に示してあるように、あくまでもクラスターAに属するヨーロッパ民族と日本人―1とが分かれる以前、クラスターBの民族とクラスターCの民族とが分かれた以降であるということであり、この二つの時期を特定するには、DNAの分析や考古学的な分析結果にたよるしかないということである。本書では、主としてミトコンドリアDNAの分析から得られたデータをもとにしてその時期を特定してきたが、これらの民族の分離時期がより詳細に分析されることによって、人類が共通感覚を得た時期が前後してくる可能性はあるし、その時期がより正確に特定される可能性も秘めていることになる。ただ、いずれにしても、共通感覚の誕生が、民族の垣根を越えて、その時期に一斉に起きていたことは確かであろう。

7 人間の誕生は漸次的か突然か

さて、ここで改めて問題になってくることは、現代人の祖先としてのイヴの存在である。DNAの分析結果は、イヴの誕生が二〇万年前頃であったことを示している。また、最近になって、人骨化石の形態分析から、二〇万年から一五万年前頃には、少なくとも形態的には新人と同じような人類が生活していたことが明らかにされてきている。もし、これらの結果が新人誕生を意味するものであるとすると、先に導かれた共通感覚の誕生時期との間に大きな時間差がある。共通感覚の誕生時期を新人誕生であるとすると、二〇万年前のイヴの誕生は、そして、二〇万年前から一五万年前のものとされる現生人に近い人骨化石は一体何を意味しているのであろうか。

考古学者ミズンは、人骨化石から推測されている現生人類の存在していた時期と文化的爆発との間の一〇万年に近い空白を結びつけるために、イヴの誕生した以降、人類は新人としての萌芽を内に秘め、そこから漸次的に進化し、文化的爆発の起こった時期に、現代人と同じ知能を持つ新人が確立されたと考えた(12)。

彼は、それまでに得られている考古学的なデータと、認知心理学などによって明らかになってきている人間の心の構造や発達に関する研究成果とを結びつけ、始めは独立に機能していたいくつかの知能が、次第に相互に係わりをもつようになり、やがてそれらの知能が統合されることによって新人が誕生したと考えた。

彼は現代人のもつ基本的知能を大きく四つに分けた。その一つは、他の人の心を読む能力と係わり、心理学の世界では心の理論と呼ばれているもので、それを社会的知能と名付けた。次に、生物に関してなんらかの直感的理解を示すことのできる知能で、それを博物的知能と名付けた。これは、自然界を直感的に理解する能力で、狩猟採集民の暮らしには不可欠な能力であるとした。三つ目は、道具を生み出す知能で、技術的知能と名付け、四つ目は、言葉を司る知能で言語的知能と名付けた。

ミズンは、これら四つの知能が、一〇万年前頃の初期現生人類では、個々別々に機能していたが、漸次的に四つの間に相互干渉が働き、文化的爆発の起こった時期に、これら四つの知能が統合されたと考えた。そして、文化的爆発が、一地域から派生していったのではなく、先に見たように、地球上の様々な地域でほとんど同時的に起きていたことを結びつけ、この四つの知能の統合を一種の並行進化と考えた。すなわち、世界に散らばっていた人類に、知能の統合という進化が漸次的に同じようなスピードで起きたと考えた。

ミズンは、この統合の成立をダーウィンの説く進化論に則って、漸次的な進化に重ねあわせ、その統合が、地球上の様々な地域でほとんど独立的に行われたことに対して、それを並行進化として簡単にかたづけている。はたして、現代人の祖先としての新人誕生が、旧人からの漸次的進化によってもたらされたものであろうか。

文化的爆発に象徴されるように、旧人とは明らかに異なる高度な精神世界が、相互に交流の可能性のない別々の地に生活していた民族内で、生物の進化史から見たら一瞬とも思えるわずか数万年の間に、それぞれに同じような突然変異が繰り返されながら、漸次的進化によってそれぞれの民族に、同じような時期に一斉に誕生することがありうるであろうか。

ダーウィンの進化論に従うならば、有用な変異は遺伝によって漸次的に種の中に浸透していき、やがて種を変えるほどの変化になるとされているが、旧人から新人への大きな精神的変化が、交配の可能性のない別々の地に生活していた人類に、同じような突然変異が重なり合った漸次的進化として、同じようなスピードで起こりうるものであろうか。そこには、直感的には受け入れがたい理論の飛躍があるように思える。はたして、人類の文化的爆発を誘引した心の誕生が、漸次的進化によってもたらされたものであるのか否か、先に見た共通感覚の誕生との係わりから次に考えてみることにしよう。

第五章　人間の誕生と種の誕生

1　空間の壁を越えて突然誕生していた共通感覚

言葉と五感との係わりの民族性から、共通感覚の誕生が五万年前頃に起きていたこと、それによって文化的爆発がもたらされたと考えられることなどについて先に述べた。その結果からは、人類の進化、そして、種の誕生にとって、極めて重要な事柄が浮かび上がってきた。それは、文化的爆発をもたらした新人誕生が、道具をもたらす知能が発達したとか、言葉を司る知能が発達したとかいった部分的な機能が進化したことによってもたらされたのではなく、共通感覚という概念世界全体を一つに統合する統合力が誕生したことによるということである。

ダーウィンの進化論は、部分の変異が、その個体にとって生存に有利なものは漸次的に蓄積され、大きな変化となって新たな種に進化するというシナリオであるが、ミズンは、先に述べたように、文化的爆発をもたらした新人の誕生を、このダーウィンの進化論を踏襲し、四つの知能という部分の進化を基本に考えた。すなわち、四つの別々の知能が、漸次的に進化し、やがてそれらが互いに融合することによって、新人としての精神世界を進化させたと考えた。

しかし、先に述べたように、言葉を用いる能力にしても、道具を作り出す能力にしても、さらには芸術品を生み出す能力にしても、その根底には、概念世界全体を一つに統合する共通感覚の存在がある。要するに、人類が新人としての地位を得たのは、言葉を語る力を得たからとか、道具を生み出す力を得たからといった部分的な機能の獲得によるのではなく、それらを可能にさせる概念の世界を統合する共通感覚を得たからに他ならない。

もちろん、ミズンが指摘するように、言葉を用いる個別の能力や、道具を生み出す個別の能力は存在する。それは、人間の脳の中に、それぞれの機能を遂行する部分が存在することからも分かる。しかし、それらの能力は、それらの根底にある共通感覚という統合力が存在して初めて可能になる。それは、個々の機能を支える心の基盤のようなものである。そして、その基盤こそ、人間を人間たらしめているものなのだ。

ミズンの考え方によると、チンパンジーや旧人では、四つの知能があったとしても、それらが別々に独立して機能しているということになってしまう。でも、生命の活動というのは、そういうものではなかろう。統合のないところに生命活動は生まれはしない。いやむしろ、生命の営みそのものが、全体を一つの調和した世界に統合しようとする不断の活動なのだ。チンパンジーにしても、いみじくもミズンが指摘しているように、先にあげた知能は存在している。ただ、それらが、新人とは異なったレベルの知能であり、異なった統合力によって統合されているのである。もし、チンパンジーだから、旧人だからといって、内的世界に統合する力がなかったとしたら、それは生命活動のできないものになってしまうであろう。

動物にしても、鳥類にしても、昆虫にしても、それぞれの営みを眺めてみると、どれもこれも極めて統制のとれた営みをしていることが分かる。動物一つとっても、それが獲物を狙う時の姿を見てみると、目は獲物に集中しているし、耳は獲物を取り巻く環境からの音をしっかりととらえている。足の動きは、その獲物の動きに合わせるかのように、同期しながら獲物に近づいていく。これらの営みが、個々別々の機能、個々別々の知能が独立に働くことでもたらされるものではないことは容易に推測できる。獲物をとらえることに焦点を当てて、あらゆる刺激、それによって生じるあらゆる認識というものが全体で一つという世界の中に結び付けられて、はじめて行動を促す一つの判断が生まれてくる。そこには、どうしても全体で一つという統制を司る統合力がなくてはなるまい。新人には新人の、旧人には旧人の、そしてチンパンジーにはチンパンジーの知能があり、その知能を統合するそれぞれに特有な統合力がある。すなわち、新人と旧人との違いは、統合力の違いによっているということ、そして、先にも述べたように、現代人のもつ共通感覚という統合力こそ、新人誕生として、新人に与えられた新たな統合力なのである。

さらに、これまで見てきたように、統合力は、全体を一つに統合させ、生命活動を潤滑に行うための基盤のようなものであるから、そうした力が漸次的に作り上げられたとは考え難い。統合力は、誕生した時、すでに完成されたものでなければ、生命を維持することなどできはしないであろう。こうしたことを考えると、すでに先にも述べたように、共通感覚としての統合力は、人類に共通に同時的、かつ突然のごとく誕生していたものと判断できるのではないだろうか。

2　ミトコンドリア・イヴは新人ではなかった

五万年前頃に起こった人類の突然の文化的営みに対して、先に述べたように、考古学者の中には、二〇万年前頃から漸次的に進化してきたものが、この時期に加速的に早まったものだとして、新人の誕生は、突然ではなく、漸次的なものであると考えている人たちもいる。しかし、これまで見てきたように、現代人を現代人たらしめている共通感覚の誕生が、五万年前頃、各民族に一斉に誕生していたという結果は、文化的爆発が、人類の単なる漸次的進化の延長上で起きた現象ではなく、ヒト種をヒト種たらしめている統合力の突然の誕生によってもたらされた新人誕生の証であることを心の進化から改めて確証したことになる。

ただ、それでは一体、二〇万年前と推定されている現代人とよく似た人骨化石の存在は何なのかという問題は未解決のままである。ただ、考えられることは、二〇万年前から文化的爆発の起こる五万年前頃にかけて、旧人と新人との中間的な種が存在していたかもしれないし、現代人によく似た特徴を持つ人骨化石も、新人のものではないのかもしれない。それと、形態的な類似性と心の類似性が、一対一の対応をしているのかどうかという疑問も残ってくる。ひょっとしたら、五万年前頃に起きた新人誕生は、それまでの生物の進化とは質を異にしていて、新人誕生における生物の進化は、その進化が形態に現れるというよりも、むしろ精神世界に大きな変革をもたらした進化だったとも考えられる。ただ、いずれにしても、現代人を現代人たらしめているのは、形態よりもむしろ心の基盤であるということ、そして、その心の基盤こそ共通感覚であるということは確かであろう。

また、もう一つ残されたままの問題は、ミトコンドリアＤＮＡの分析から得られた現代人の祖先としての二〇万年前のイヴの存在である。これまでの探究からは、イヴは、新人ではなかったことになる。それでは、一体イヴは何なのか、そして、ＤＮＡの分析からはどうして五万年前頃の新人誕生の痕跡が浮かび上がってこないのか？　これらの問題は、部分だけに分析の手を伸ばしてきた科学の限界であり、先に述べたように、科学では、現象界にその姿を直接現すことのない共通感覚のような統合力の存在をとらえることはできないことによるのだが、この点については次章以降で詳しく述べることにする。

3　人はいつから言葉によるコミュニケーションを始めるようになったのか

現代人を現代人たらしめている一つの能力に、言葉によるコミュニケーション能力があるが、考古学や言語学の分野では、一体いつ、どのようにして、人類は言葉によるコミュニケーション能力を手に入れたのかが長い間議論されてきた。しかし、その能力の痕跡は、道具や芸術品のように遺物として具体的な形で残されていないために、これまで決定的なものは得られてはいなかった。

人間だけが持つ言語能力の複雑さが、果たしてダーウィンの言う突然変異と自然淘汰によってもたらされたものなのか、疑いを抱きつつも、それに代わる確固とした論理基盤を提示することができていないために、言葉によるコミュニケーション能力も、時間とともにゆっくりと進化してきたものであろうという漸次的進化の考えを受け入れざるをえなかった。

言語学者スティーヴン・ピンカーも、その著『言語を生み出す本能』の中で、化石を残すことのない言語の進化を象の鼻の進化に譬え(1)、

言語が現代の人間に固有であるという事実は、鼻が現代の象に固有であるのと同様に、何らの矛盾もひきおこさない。進化論と矛盾しないばかりでなく、神やビッグバンを持ち出す必要もない。

と、言語の能力が、象の鼻と同じように、自然淘汰によって進化してきたものと推測している。ネオダーウィニストの第一人者であるメイナード・スミスにしても、人間だけに与えられた言

語能力が、一体どのようにして獲得されたのかに答えることは恐ろしく困難なことだとしながらも、言語能力の進化を象の鼻の進化に譬えたピンカーの考えに、我が意を得たりと賛意をあらわにしている。そして、

ゾウの鼻もまたゾウに独自の複雑な適応であり、そして化石を残していない。けれどもゾウの鼻が自然選択によって進化してきたことを疑う科学者はほとんどいないだろう。言語については多くの人達がまだ疑っているが、しかし彼らは、筋の通ったどんな代案も示唆することができない(2)。

と、人間の言語能力を漸次的進化の賜物であると暗黙裡に結論付けている。

しかし、これまで見てきたように、言葉によるコミュニケーション能力は、人間に特有の能力であり、それも共通感覚によって支えられているものであるから、文化的爆発が物語るように、道具や芸術品を作る能力と同様に、共通感覚の誕生と同時的に、突如として生まれてきたと考えるほうがより理にかなったものであろう。

言葉によるコミュニケーションも、複雑で多様な道具の発明も、共に共通感覚を基盤とした営みである。ただ、道具は遺物として残されるから、人類の考古の歴史の中で一体いつから人類が道具を作り始めたのかが推定しやすいが、言葉の場合には、文字が発明されるまで、その痕跡を

知る手立てがないため、考古学においても、言語学においても、一体いつから、人類は現代人のように、言葉による豊かなコミュニケーションを行うようになったのかを特定できてはいなかった。

ただ、これまで見てきたように、言葉によるコミュニケーションも、道具の発明も共に部分と部分の結合から、全体で一つの世界を作り出す営みである。単語と単語との組み合わせによって、全体で一つのイメージを伝え合うコミュニケーションも、部品と部品との組み合わせによって、全体で一つの機能を生み出す道具の製作にしても、その基盤には、部分と部分とを有機的に統合して全体で一つとなるイメージを創出する共通感覚の存在がある。したがって、言葉によるコミュニケーションや、部品の組み合わせによる道具の発明といった、部分と部分との組み合わせによって、全体で一つという世界を作り上げる共通の営みは、まさに共通感覚の誕生と同時的にもたらされたと考えていいであろう。

確かに、考古学は、人類が石器を作り始めたのが二五〇万年ほど前であることを明らかにしてきているが、その石器は一つの石を切り裂いた単純なものであり、その石器は、文化的爆発の起こる五万年前頃まで、ほとんど同じと思えるほど、極めてゆっくりとした変化であった。ところが、文化的爆発の時期以降に生まれてきた石器は、石器そのものの製法にも、それまでのものと大きく異なる手法が用いられているが、それ以上に大きな特徴は、石刃と木片とを組み合わせた鏃や槍であったり、糸のような他のものと組み合わせて使う釣り針であったり、縫い針であったりと、部品と部品との組み合わせによる新たな道具の発明へと進化してきている。

すなわち、同じ石器であっても、文化的爆発の起こる以前の石器は、単純に石なら石、貝殻なら貝殻といったように、一つの素材だけで形作られていたのに対して、文化的爆発以降に作られた道具は、石と木というように、部品と部品とが寄せ集められて、新たな機能を生み出す道具へと変化してきている。そして、その道具の痕跡から、遺物となって具体的な形で残されてはいない言葉によるコミュニケーションの誕生についても推測することが可能になってくる。

言葉によるコミュニケーションにしても、一つの単語、あるいは一つの響き（音素）によって意味を伝え始めたのは、最初の石器が作られたのと同じ時期であったのかもしれない。確かに、二五〇万年前のものと推定される人骨化石の頭蓋骨の内側に、言葉を司るのに必要な脳のブローカ野の痕跡が残されていることが発見されていて、この頃には、人類は言葉を発し、それを理解する能力があったものと考えられている。

ただ、それは、一つの石器が機能そのものであったのと同じように、一つの単語、一つの声の響きによって意味を伝え合うコミュニケーションであったのではないだろうか。そして、単語と単語との結びつきによって、一つのイメージを伝え合う現代人のような言葉による豊かなコミュニケーションを始めたのは、部品と部品の組み合わせによる新たな道具の誕生と同じように、まさに文化的爆発の起きた時期、すなわち、人類に共通感覚という新たな統合力が誕生した時であったにちがいない。共通感覚の誕生は、部品なら部品としての、言葉なら言葉としての、同じ世界にある複数の部分を組み合わせて、全体で一つの新たな世界を作り出す創造性をもたらしたということだ。

そして、それは、共通感覚という概念世界を全体で一つとして統合する力の誕生と同時に、その概念の世界で、全体を部分に分解する理性の誕生があったからである。理性が誕生したことで、人は、生命の抱く全体で一なる世界を部分に分解し、その部分を共通感覚によって再び全体で一つとする能力を得たのである。だから、道具を部品と部品の組み合わせによって作り上げる能力も、単語と単語の組み合わせによって一つのイメージを作り上げ豊かなコミュニケーションを行う能力も、共に人類に共通感覚という概念世界を全体で一つとしてまとめ上げる統合力と、同時に理性が与えられたからに他ならない。このことに関しては、第七章の部分と全体に関するところで改めて議論することにする。

4 言葉・普遍文法そして共通感覚

言語学者スティーブン・ピンカーは、その著『言語を生み出す本能』の中で、

考古学者によれば、芸術、宗教、装飾器、言語のすべてに共通する「シンボル操作」能力が存在するというのだが、これが誤りであることは、すでに明白になっている(3)。

として、言語だけ操ることのできる知恵遅れの人の事例をもって証拠としている。すなわち、言語が操れるのに、そのほかの能力が未発達なのは、言語や芸術に共通したシンボル操作があるということではないと考えている。

しかし、言語が言語として生きてくるのは、これまで述べてきたように、その言語の根底に、共通感覚という全体で一つのイメージを創出する能力があるからである。そして、その全体で一つというイメージを生み出す共通感覚は、言語との係わりだけではなく、道具を生み出すことと係わったり、芸術品を生み出すことと係わったりと、人間の営み全てと係わるものであった。その共通感覚のもとで、言語をつかさどる機能や、芸術品として外の世界に表現する能力や、道具として形あるものを生み出す能力が活性化されているのである。

このことを、植物の成長に譬えてみると、ことがよりいっそう理解されやすいであろう。様々な植物が繁茂できるのは、全ての植物を根底で支える大地があるからである。その大地の中に、それぞれの植物のタネがまかれている。それぞれのタネは、それぞれの成長速度によって芽を出し、成長してくる。この個々のタネが、人間の場合には、言語をつかさどる能力であったり、芸術品を生み出す能力であったり、道具を生み出す能力であったりして、そのタネが心の大地にまかれているのである。

この譬えによって、先のピンカーの指摘が誤っていることがよく分るであろう。ピンカーは、言語を操る能力があるにもかかわらず、芸術や道具を生み出すといった他の能力が失われているのは、言語や芸術に共通したシンボル操作など存在しないことの証拠であるとしているが、それは上の譬えで、大地が存在しないといっていることに等しい。ピンカーが指摘した知恵遅れの人たちが失っているのは、人間としての根源的な能力、すなわち心の大地ではなく、それぞれの能力を生み出すタネの成長が止められているということである。心の大地がなかったなら、言葉さえも表現できない、まさにそれは人間ではない異種ということになってしまう。そして、この心の大地こそ、全体を一つとして統合する統合力、すなわち共通感覚に他ならない。

言語学者チョムスキーは、言語は異なっても、人間が同じように言葉でコミュニケーションができるのは、人間の中に、ヒト種として共通な能力が生得的に与えられているからだとして、それを普遍文法と名付けた。そして、

生物学的に必然的であるような言語の諸特質に関する研究は自然科学の一部分である。その関心事は、人類遺伝学の一側面、つまり生得的言語能力の本質を確定することである。ことによるとこのような努力をすることは誤っているかもしれない。生得的言語能力などというものは存在せず、ただ言語であれ他のいかなるものであれ、それに適用されるなんらかの一般的学習方式があるのみであるということが見出されるかもしれない(4)。

として、言語だけではなく、ヒト種を特徴付ける様々な能力の根底に、「一般的学習方式」として表現された共通の能力基盤があるかもしれないことを示唆している。まさに、この共通の能力基盤こそ、共通感覚そのものである。

そして、これまで述べてきたことで重要なことは、大地にまかれたタネこそ、言語や芸術的営みといった個々の機能と係わった遺伝子であり、そうした遺伝子を活性化させているのが心の大地としての共通感覚であるということだ。そして、もし、生命体を形作っているものが遺伝子だけによるものだとするならば、言葉によるコミュニケーション能力や、道具を製作する能力、さらには、芸術品を生み出す能力といった人間としての特有な能力と係わった数多くの遺伝子が、同時並行的に進化してこなければ、現生人のように多様な能力を持ち、かつすべてにバランスのとれた人間が誕生してくることなどあり得なかったであろう。

こうしたことを考えると、人間が人間として誕生したのは、一つ一つの遺伝子の進化によるというよりも、そうした遺伝子を人間としての様々な能力へと活性化させるための統合力、すなわち共通感覚の誕生によってもたらされたものであることが、より確かなものになってくるのではないだろうか。そして、ここで重要なことは、遺伝子は科学がしてきたように、直接目でとらえ分析できるのに対して、統合力としての共通感覚は、目でとらえることのできないものであり、目に見えるものの背後にあって、全体を一つの調和した世界に作り上げる力となっているということだ。

そして、いま述べたように、現生人に特有な様々な精神活動が、どれもこれも皆同じように完成された能力として人間に与えられているということは、そうした能力と係わる遺伝子が、個々別々に進化してきたというよりも、元々あった遺伝子が、新たな統合力、すなわち共通感覚の誕生によって、人間としての能力が発揮できるように再編されたということではないだろうか。このことついては次章でさらに詳しく議論することにする。

5　種の誕生は新たな統合力の誕生によってもたらされたもの

共通感覚の誕生を振り返ってみると、先に述べたように、共通感覚が誕生した時、人類は、いくつかの民族に分かれ、別々のところで生活していた。図2に示されたクラスター分析結果は、共通感覚が誕生した時の民族分布そのものである。

図2には、大きく四つのクラスターが見られるが、共通感覚が誕生した時には、少なくとも四つの民族が、別々の場所で生活していたことが分かる。そして、その別々の所で生活していた民族に、新人を特徴付ける共通感覚が、同じように誕生している。この誕生は、各民族がそれぞれの風土と係わったイメージの鋳型を遺伝化させていることから分かるように、交配という物理的な係わりによってもたらされたものではない。つまり、人間を人間たらしめている最も根源的なものが、空間の壁を越えてそれぞれの民族に独立に誕生していたことになる。

以上のことをまとめてみると、

①新人の誕生は、部分の漸次的変化によるのではなく、共通感覚という統合力の新たな誕生によってもたらされた。

②新人を新人たらしめる共通感覚は、個々別々の民族に、空間の壁を越えて交配を介することなく独立に、同時的かつ突然のごとく誕生していた。

これらのことから、新人としての種の誕生が、部分の漸次的変化によるのではなく、全体を一つに統合する統合力としての共通感覚の誕生によってもたらされたものであり、それは、空間の壁を越えて、それぞれの民族に一斉に誕生していたと結論付けることができるのではないだろうか。

これまで科学は、様々な自然現象に対峙し、それを分析し、その原因を明らかにすると同時に、その現象の中に秘められている法則を明らかにしてきた。そこには、常に時間と空間とが支配する四次元の世界があり、その時空間の中で因果が成り立っていた。しかし、これまで見てきたように、こと人間の誕生に関しては、空間の壁を越えて、目には見えない統合力が作用していたことが推測されてきて、そこには時空の世界では考えられない何かが起きていたことが暗示されている。はたしてこの世には時空を超えた世界があるのか、生命の営みは、時空の世界ではとらえることができないものなのか、ここには、これまでの科学の常識では考えることのできない、いくつかの問題が投げかけられているが、これらのことについては、後ほど改めて詳しく議論することにする。

さて、この共通感覚の誕生から導き出された一つの結論は、新人誕生というヒト種に限られたものではあるが、古生物の研究が明らかにしてきている断続平衡の現象やカンブリア紀の爆発、さらには、ダーウィンが自身の学説に対して抱いていたいくつかの難問——それは、第二章においてすでに述べたように、種が独立に誕生していたことを物語るものであるが——を考え合わせると、あらゆる種の誕生が、全体を一つに統合する統合力の突然の誕生によってもたらされたものと判断できるのではないだろうか。

すなわち、種を特徴付けているものは、部分ではなく、人間の共通感覚のように、全体を一つとする統合力にあり、人間を特徴付けている統合力が共通感覚であるように、それぞれの種には、それぞれの種を特徴付ける統合力が秘められていることになる。そして、新たな種の誕生は、新たな統合力の誕生によってもたらされるということだ。ただ、この統合力は、人間の共通感覚がそうであるように、目で直接とらえることのできないものであるから、目に見える現象だけを追い求めてきたこれまでの科学では、とらえることができなかったのである。

ダーウィンは『種の起原』の中で、様々な例を取り上げて、部分の変異が、その種にとって有利なものであれば、それが遺伝として子孫に伝わり、漸次的に大きな変化になっていくことを示しているが、そのどの例にしても、その漸次的変化によって新たな種が誕生したという事実を観測してはいない。ダーウィンは、自然界に展開している現象をこと細かく観察し、変異と自然淘汰によって、生物は常に変化していることを見出したのだが、その現象分析を元に、変異と自然淘汰によって新たな種が誕生するものと推測してしまったのである。ダーウィンがとらえた現象は、あくまでも同種内の変化であって、それが新たな種を誕生させるものにはなってはいない。すなわち、ダーウィンが示した生存に有利な変異（小進化）は、種の保存にとっては有効に働いたとしても、それが新たな種の誕生（大進化）をもたらすものではないということだ。

ダーウィンは、自然界で起きている生物の営みの中に、変異と自然淘汰という自然原理を見出したのだが、それを種の誕生ということに結び付けてしまったために、今度は、自然界で起きている生物の営みの中に、その理論では説明のつかないいくつもの矛盾をかかえることになってしまった。そして、その矛盾を自身の学説の難点として指摘することになったのである。

断続平衡の現象に見られるように、何百万年とも何千万年とも言われる種の安定期間に比べ、新しい種が誕生するのは、極めて短期間であるから、我々が日常見ることのできる変化は、新しい種が誕生するという変化ではなく、同種内での変化である。すなわち、大進化は、我々は日常ほとんどというより、全く見ることができないのに対して、小進化は、先に述べたガラパゴス諸島でのフィンチの嘴の変化のように、日常頻繁に目撃することができる。だから、小進化の現象に関しては、数多くの事例が集まってきて、そのことから大進化の発生メカニズムが推測されてきた。そして、大進化の状況をとらえた数少ない現象である断続平衡にしても、大進化の現象をその他のものによってとらえることができていなかったために、小進化の漸次的蓄積の上に大進化が行われるものとして、小進化と同じ土表の上に組み入れられてしまったのである。

ダーウィンの著書『種の起原』からは、ダーウィンがいかに多くの事例を集め、かつ自身でいかに様々な実験や観察をしていたかが伝わってくる。ダーウィンは生物に係わる様々な情報を可能な限り集めていたにちがいない。それらの豊富な情報と体験に基づいたダーウィンの論理性には説得力がある。しかし、それでも、ダーウィン自身、生命の本質をとらえきれてはいなかった。ダーウィンが集めた事例は小進化の事例であって、種の誕生とは直接係わるものではなかった。種の誕生は、生命の営みである。そして、それは、共通感覚の誕生と新人誕生との係わりで見たように、内に秘められた統合力の変化と係わっていて、現象をいくら分析してみたところで、その本質をとらえることはできないものなのだ。

ダーウィンのしたように、意識が目に見える現象の世界に展開する部分にとらわれればとらわれるほど、全体を支えているものの存在が見えにくくなってしまう。これは、まさに全体を細分化し、部分を調べることに終始してきた科学の欠陥であり、それゆえに、これまでの科学的アプローチからでは、全体を一つに統合するという生命の本質をとらえることができなかったのである。

ただ、ここで読者は大きな疑問にぶち当たっていることだろう。それは、目に見えない統合力がすべての生物の内的世界を貫いているというのはどういうことなのか？　そして、その統合力が一体どのようにして空間に遍満していて、その誕生が、どのようにして個々体の内を貫き、新たな種を作り上げるのか？　交配も伴うことなく新たな統合力が誕生するだけで、どうして空間の壁を越えて一斉に、新たな種に属する個々体が誕生するのであろうか？　こうした疑問はもっともなことで、時空での因果律に慣れてしまってきた我々人間には、どうしても理解しがたいことである。次章以降では、こうした統合力にまつわる問題について、時空との係わりも含めて考えていくことにしよう。

第II部 ◎ 生命進化の真相

第六章　統合力の世界

1　全体を一つに調和させる統合力

これまでの議論で、種の誕生には、人間の持つ共通感覚のように、統合力の存在が重要な働きをしていることが分かってきたが、ここでは改めて統合力とは一体何なのか、そのことをもう一度、具体的な例をもとに考えてみることにしよう。

人間特有の営みである言葉によるコミュニケーション能力一つを取り上げてみても、その能力を発揮させるために、脳の様々な部位が同時的に働いている。言葉を語るときに活性化される左脳前方にあるブローカ野、その言葉に感情を込めたり、話全体の流れを生み出すのは、前頭葉といわれている脳の前方部にある脳、さらに、話し言葉を理解するときに活性化されるのは、左脳中後方部にあるウェルニッケ野といったように、コミュニケーションの時に働いている脳は、様々な部位に及んでいる。また、そうした言語活動に係わる脳の他に、言葉を発するための機能として、顎、舌、さらには、顔にある多種多様な筋肉が同時的に動く必要がある。そうした脳や筋肉を司る遺伝子は、何十とあるであろうが、その中の一つの遺伝子に障害があっても、正常な言語システムを作り上げることはできず、満足のいくコミュニケーションはできなくなってしまう。

こうしたことを考えると、そうした多様な遺伝子が、個々別々に、突然変異と自然淘汰を繰り返しながら、漸次的に全体で一つのシステムを作り上げるように形作られてきたとは考え難い。やはり、人間の言葉によるコミュニケーション能力は、そのことを可能にさせる様々な機能やシステムが、同時的に誕生したのでなければ得られようがないであろう。これは先に、ＩＤ論のところで触れたように、血液凝固のシステムと全く同じである。出血した際、自動的に血液を固めるメカニズムは、いくつもの完結した部分の集合から生まれてきているが、そうしたシステムが、ただ部分の漸次的進化によって作り上げられたとはどうしても考えられないということでＩＤ論が唱えられている。

その理論の是非はともかくとして、人間をはじめとする生物が、日常、当たり前に行っていることが、いくつもの遺伝子によって支えられているというのは生命の本質であるし、近年の分子生物学の研究からも、そのことが明らかにされてきている。このように、一つの機能が、いくつもの遺伝子に支えられ、その遺伝子によって生み出されるさまざまな働きが、ネットワーク的につながって、はじめて全体として一つの機能が生まれているという事実を考えてみても、それが漸次的に形作られたというのではなく、それぞれの機能は、それが誕生したときには、その時点において、すでに完結したものでなければ用をなさないということが理解できるのではないだろうか。

ただ、このことに関しては、多くのネオ・ダーウィニストたちは、それを自然淘汰によって説明しようとしてきた。すなわち、ランダムな突然変異に秩序をもたらし、漸次的に進化させているのが自然淘汰であると。ノーベル生理学・医学賞を受賞した分子生物学者モノーにしても、ランダムな突然変異を偶然と位置づけ、その偶然なものに秩序をもたらすものこそが自然淘汰であり、それは必然的なことだとして、『偶然と必然』という著書を世に送り出している（1）。

でも、その自然淘汰が生み出すとされる秩序について、一歩踏み込んで考えていくと、秩序そのものは、全体を一つのものとして有機的に統合するものの存在があってはじめて生まれてくるものであり、自然淘汰自体、何も新しいものを生み出してはいないことが分かってくる。このことの詳細は、第九章で述べることにして、とにかく、単純な機能はもちろんのこと、複雑な機能であればあるほど、それが誕生した時には、完成された形での誕生でなければ意味を成してはこない。そのためには、多様な遺伝子を全体で一つの機能を生み出すものとしてまとめ上げるものが必要であり、そのことをなしているのが、まさに統合力の存在に他ならない。

統合力は、まるでオーケストラの指揮者のように、細胞全体に働きかけ、それぞれの細胞に特有な機能を発揮させるために必要な遺伝子を活性化させ、全体を一つの方向に導く働きをしているのである。そして、人間だけに与えられた多様な能力が、人間に特有な共通感覚としての統合力に起因しているのと全く同じように、それぞれの種に特有な形態や本能行動は、それぞれの種に特有な統合力によっているのである。そして、統合力の存在が、そうしたことを可能にさせるのは、後ほど述べるように、統合力の誕生そのものが、すでに種としてのゲノムを生み出す力になっているからである。

ゲノムは、種を特徴づける遺伝子の集合であり、人間の場合には、数万個の遺伝子で構成されているといわれているが、統合力の存在がなければ、そうした多様な遺伝子を様々な機能ごとにまとめ上げ、全体で一つの調和した世界を作り上げることなどできはしないであろう。すなわち、新たな統合力の誕生が、既存の生命体の細胞に働きかけ、その細胞の中で、既存の遺伝子を再編し、それぞれの種に特有なゲノムを生み出しているのである。

このことは、これまで見てきた言葉と五感との係わりと、共通感覚との係わりからも推測できよう。言葉と五感との係わりは、現象の世界に表出されたイメージの鋳型であり、それは民族によって異なり、かつ遺伝されるものであった。これに対して、共通感覚は、現象の世界にその姿を直接現すことはなく、人間性を特徴づける様々な遺伝子全体を根底で支えるものとして、空間の壁を越えて全ての民族に共通に誕生していた。このことは、共通感覚が、遺伝子という形ではなく、人間としてのゲノムすべての内を貫く統合力として存在していることを物語っている。そして、ゲノムは目に見える時空の世界に存在しているのに対して、統合力は、時空を超えた目に見えない世界に存在していて、ゲノム全体を一つに統御しているのである。

時空に縛られた世界から見ると、様々な種のゲノムは、突然変異や他のゲノムの一部が加わったりしながら、漸次的に形作られたと見えてしまうであろう。しかし、それでは先に述べたように、全体として一つの完結した機能は生まれはしない。ゲノムがゲノムとして形作られ、それらが秩序正しく機能しているのは、その背後に、ゲノム全体を一つの統合された組織として組み立てるための統合力の存在があるからである。

受精卵から始まる細胞分裂においても、日常繰り返されている我々の体の中での細胞の再生においても、そこでは、ゲノムは一旦いくつものばらばらの遺伝子群（レプリコン）に分解され、それらが複製されて再び同じゲノムへと組み立てられている(2)。そのメカニズムの詳細に関しては、科学的にはまだはっきりとは解明されていないが、そうしたことができるのは、ゲノムを再編させる統合力の存在があればこそであろう。統合力には、ゲノムを再編させる力があり、その力によって、新たな統合力の誕生が、既存のゲノムを再編させ、新たなゲノムを生み出してきたのである。

それでは、一体その統合力はどこにどう働きかけ、新たな種を生みだすのであろうか。これまで述べてきたように、ゲノムが細胞の中で作られていること、さらに、全ての生物の基本が細胞にあることを考えると、新たな統合力は、細胞そのものに直接働きかけるというのが自然の流れであろう。ただ、細胞といっても、一個の成体には、何兆、何十兆個ともいえる細胞があるが、その全ての細胞に働きかけるのであろうか、それとも特定の細胞だけに働きかけるのであろうか？

新たな統合力が成体を構成しているすべての細胞に働きかけ、成体そのものが短期間で大きく変わってしまうというのもあり得ないことではない。ただ、その一方で、有性生物のほとんどが、一つの受精卵から始まることを考えると、新たな統合力が作用するのは、既存の種の生殖細胞のようにも思える。既存の生物の生殖細胞に新たな統合力が働きかけることで、その中にあった既存のゲノムが、新たな統合力のもとで新たなゲノムへと再編され、そうして出来上がった生殖細胞によって、新たな種が誕生してきているのかもしれない。

そのことと直接関係しているのかどうかはわからないが、一つの受精卵から始まる胚の成長の中で、生殖細胞だけがほかの細胞と区別されたふるまいをしているらしい。このことに関して、発生学者であった団まりなは、次のように述べている。

> 生殖細胞はなぜほかの細胞とは別扱いされなければならないのか。この疑問に答えてくれる実験事実は存在しません。したがって、推測するほかありません。私の推測は、次のようなものです。始原生殖細胞は、胚の細胞ではない。始原生殖細胞は次世代の個体のものであり、それを生み出す胚の一部であってはならない。このことを、種システムがよくわかっている、ということの現れではないかと思います（3）。

この生殖細胞がほかの細胞とは別扱いされているということが、新たな統合力が生殖細胞に働きかけることの直接的な証拠にはならないが、ただ、生殖細胞に与えられているこうした特別なふるまいは、生命のもつ本質的な何かがそこに秘められているからであり、統合力の宿る最初の場としての係わりが、そこにあるのかもしれない。それと、団まりなが、何のためらいもなく用いた「種システムがよく分かっている」という言葉には、意味深いものを私は感じる。それは、発生学の分野に長年携わってきた者の体からあふれてくる自然の言葉であるからだ。そうしたことは、科学的には証明できないかもしれないけれど、見えない世界に存在しているものを人間の直感がとらえた真実なのではないだろうか。そして、そのことを可能にしているのが、まさに種に特有の統合力にほかならない。こうした生殖細胞に与えられている特別な能力の存在は、新たな統合力が最初に働きかけるのが、生殖細胞であることを暗示しているようにも思える。

ただ、その一方で、もし生殖細胞だけに新たな統合力が働きかけるのだとすると、一つの個体の中に、生殖細胞に働きかける新たな統合力と、既存の体細胞に働きかけている古い統合力という新旧二つの統合力が混在することになる。こうしたことが実際起こりえるのかどうか分からないが、自然のシンプルさを考えるなら、新たな統合力は、個体のすべての細胞に同じように働きかけ、新たな種としての個体を作り上げるというのが自然の流れのようにも思える。ただ、新たな統合力が、生殖細胞だけに作用するのか、それとも体細胞すべてに作用するのか、その作用の仕方はともかくとして、新たな統合力が既存の生命体の細胞に働きかけ、新たな種を誕生させてきたということは確かなことであろう。

新たな統合力の誕生は、既存の生物の細胞に働きかけ、細胞の中で新たなゲノムを作り上げる。そして、その新たな個体同士の交配によって、新たに作られた卵細胞が分裂していく過程においても、統合力は絶えず作用していて、同じゲノムをもつ同じ細胞が、次々に細胞分裂していく中で、それぞれの細胞内で活性化される遺伝子をコントロールし、それぞれの細胞に特有な機能を生み出させているのではないだろうか。

近年、発生に関与する遺伝子を種間で比較する研究が発生学と進化生物学の境界領域の新分野となり、進化発生生物学（Evolutionary Developmental Biology）、略してエボデボとよばれる研究が活発化してきている。このエボデボの研究からは、これまでの生物学において一つの謎であった同じゲノムを持つ同じ細胞が、なぜ細胞分裂していくにしたがって、それぞれ異なった機能を持つ細胞へと変化し、最終的に、一つの成体が完成されてくるのか、そのメカニズムが明らかにされてきている。

それによると、それぞれの細胞内に遺伝子スイッチと呼ばれるスイッチ機能を持つ遺伝子があり、細胞分裂がある程度進むと、その遺伝子によって、それぞれの細胞内でそれぞれ異なった遺伝子が活性化され、それぞれの細胞に特有な機能が生まれてくるという（4）。ただ、その遺伝子スイッチを一体何がコントロールしているのかとなると、まだ謎に包まれたままなのだが、その謎と思われることをなしているのが、これまで述べてきたように、細胞全体に働きかけ、調和した生命システムを作り上げている統合力に他ならない。

2 統合力と意志

私たちの日常行動を考えてみると容易に理解されることであるが、たとえば歩こうとする意思が生まれたとすると、その意思によって、足の指一本一本から、ひざ、腰、といった体中の様々な関節や筋肉が、歩くことのために一斉に動き始める。それは足や腰だけではなかろう。歩くという行為の中で、体全体をバランスよく保ち続けるためには、そうしたバランスを維持させようとする機能はもちろんのこと、その機能によって、体中の様々な筋肉、神経、そうしたものが体全体で調和して、一斉に動くことになる。そうした一連の動きを司っている細胞は、脳細胞をはじめとする何百億、何千億ともいえる体中の細胞である。

心の中に生まれた歩こうという一つの意思によって、数えきれないほどの細胞が全体で一つのリズムの中にまとめ上げられ、歩くことがスムーズに行われる。そこには、我々が日常生活の中で、当たり前のこととして行っていることが繰り広げられているだけだ。でも、その当たり前と思えることをよく考えてみると、次のような不思議なことに気付かされる。

それは、一つの歩こうとする意思、その意思は心の中に生まれてくるものであるが、その意思によって、数えきれないほどの細胞が一斉に歩くことに向けて動き始めるという事実である。歩こうというただ一つの思い、それは目に見えないものだが、その目に見えないただ一つの思いが、何百億、何千億ともいえる細胞を統制のとれた形で一斉に動かすのである。これが不思議でなくてなんであろう。そんなことができるのは、目に見えない統合力が、一つの受精卵から細胞分裂を繰り返していく全ての細胞の内を貫き、完成された一個の成体の内までも共通に貫いていて、心の舞台のような役割を果たしているからであろう。統合力が全ての細胞を貫き、心の舞台となっているから、その舞台の上で演じられる様々な意思が、瞬時に体全体を動かすことにつながってくるのである。

ここには、生命の営みを考える上で、極めて重要なことが示されている。それは、目に見えない唯一の内的なもの、それは意思であるが、その唯一のものによって、目に見える個々体が、一つの統制のとれた動きを作り上げるということである。それは、まさに先に述べたオーケストラのように、指揮者の存在によって個々の奏者の演奏が、全体で一つの楽曲として誕生してくることと同じことである。そこには、目には見えないけれど、個々の奏者を貫く唯一無二の何かが流れている。まさに、その指揮者と同じことを細胞の世界でなしているのが統合力の存在である。

そうした統合力が存在しているから、同じゲノムをもつ同じ細胞が、細胞分裂を繰り返していく中で、ある時から、自身の持つ潜在能力、それはゲノムに秘められているあらゆる機能を発揮できる能力であるが、その能力の中から、その場に合った能力を発揮し、全体で一つとなる成体

細胞　　　統合力

$$\textbf{成　体}\quad f = a_1\alpha + a_2\alpha + a_3\alpha + a_4\alpha \cdots\cdots + a_n\alpha$$
$$= \underline{(a_1 + a_2 + a_3 + a_4 \cdots\cdots + a_n)} \cdot \alpha$$

形態

$$= A\alpha$$

成体　　　統合力

$$\textbf{種社会}\quad F = A_1\alpha + A_2\alpha + A_3\alpha + A_4\alpha \cdots\cdots + A_n\alpha$$
$$= (A_1 + A_2 + A_3 + A_4 \cdots\cdots + A_n) \cdot \alpha$$
$$= \mathbf{A}\alpha$$

図5……細胞、成体そして種社会と統合力との係わり

を誕生させることができるのである。

こうした一連の流れを数式的に表現したのが図5である。図において、aは一つ一つの細胞を、αは統合力を示している。ここで注意しておきたいことは、統合力αは、内に創造性を秘めているということである。それは、人間の抱く共通感覚が、一つの統合力でありながら、言葉を語るときには言葉と係わった創造性を発揮し、道具を作るときには道具を生み出す創造性を発揮していることからも分かるように、統合力はそれぞれの種に特有の唯一無二のものではあるけれど、その内には、それぞれの統合力に規制された創造性が秘められているのである。だから、同じ統合力でありながら、その統合力を抱く主体の置かれた立場、環境によって、その統合力は異なった創造性を発揮してくることになる。したがって、図5に示したように、統合力としてのαは、各細胞で同じであっても、細胞分裂していく中で、それぞれの細胞にあった創造性を発揮していくことになる。すなわち、$a_1\alpha$と$a_2\alpha$とは、同じ統合力を抱いていても、それぞれ異なった創造的営みをすることになるのである。

　こうして、一つの卵細胞に作用した統合力αは、細胞分裂していく全ての細胞に等しく作用していながら、異なる創造性を発揮するために、同じゲノムの中で異なる遺伝子を活性化させ、全体として一つの成体を完成させることになるのである。その結果、何十兆個もの細胞で作り上げられた一つの成体fも、一つ一つの細胞と同じ統合力αによって貫かれることになる。だから、先に述べたように、成体の一つの思い——それは統合力を基盤にして生まれてくるものであるが、その一つの思いが、その成体を構成する全ての細胞に瞬時的に働きかけることができるのである。さらに、成体一つ一つにも同種としての同じ統合力が貫かれているから、それらが集まって作る集団は、自ずから、その種に特有な統合力に根ざした種社会を作り上げることになる。

　すなわち、種を構成する個々体にも、その種としての共通の統合力が貫かれていて、個々体が、それぞれ異なる環境下で行動していても、環境を含めて全体で一つとなる調和した世界を作りあげるよう、各個体ごとに統合力のもつ創造性が発揮され、個々体が個々別々の行動をしているように見えても、全体では、一つの統制のとれた種社会が作り上げられてくるのである。

　蜜蜂やアリの生態を長年観察したメーテルリンクは、蜜蜂やアリ社会に見られる統制のとれた営みについて、そこには個を超えた種独自な普遍的霊魂が存在しているとしか考えられないとして、次のように語っている(5)。

不可解なシロアリ社会の中に、我々は蜜蜂と同じ大問題を見いだす。ここの支配者は誰であろうか。だれが命令をだし、未来を予測し、プランを立て、釣り合いをとり、管理し、死刑を宣告するのであろうか。(中略)

私は「蜜蜂の生活」の中では、ミツバチ社会の慎重で神秘的な管理ないし統治は、巣の精霊によって行われるのだと解釈した。より良い解釈がなかったからである。しかし、これは未知の現実をおおいかくす無意味な言葉でしかない。別の仮説にたてば、ミツバチやアリやシロアリの社会は、ただ一つの個体であるとみなしうるであろう。(中略)

ミツバチやアリやシロアリの巣の居住民は、先に述べたように、単一の個人、ただ一つの生き物であるように思われる。無数の細胞から構成されるこの単一の生き物の器官は、表面的には分散しているが、実際には、同じエネルギーないし生体、あるいは同一の中央の法則に常に従属している。(中略)おそらくこの中央組織は蜜蜂独自の普遍的霊魂と、いわゆる一般に普遍的霊魂と呼ばれるものとに結びついているであろう。

メーテルリンクがここで述べていることは、種社会そのものが一個の個体であるかのような秩序だった営みをしているということ、そして、その秩序を生み出しているものが普遍的霊魂と結びついているものではないかということだ。その普遍的霊魂こそ、種に特有の統合力であり、それは、先に述べたように、一つの細胞から、一個の成体、さらには種社会全体を貫き、全体で一つの秩序ある世界を作り上げているのである。

ここには、極めて重要な一つの生命の法則がある。それは、『目に見えない世界にある一つの統合力としての心が、目に見える世界の全体を作り上げている』ということである。したがって、ゲノムにしても、単に化学者が見つけ出した記号としてのＤＮＡの集合だけで、その機能が発揮されているのではなく、その背後に唯一無二の統合力としての心がひかえているから、その機能を十分に発揮することができているのである。

新たな統合力が誕生するとき、その統合力は既存の細胞に働きかける。そして、その細胞の中で、既存の遺伝子を用いて、新たなゲノムを再編させる。こうして、新たな統合力のもとで生まれた新たなゲノムは、細胞分裂する中で、それぞれの細胞にあった遺伝子を活性化させ、個々異なった機能を生み出し、全体として完成された一個の成体を生み出すことになるのである。その発生のプロセスの中を貫いているのが、目には見えない心としての統合力の存在である。こうして、一つ一つの細胞の中も唯一無二の統合力が貫いているから、一つ一つの細胞が固有の意志を持つことができるし、成体のもつ一つの意志が、その意志の通りに数えきれないほどの細胞全体を一つの統制のとれた全体として、秩序正しく動かすこともできるのである。

発生生物学は、一つの受精卵から始まり、その受精卵が次々に細胞分裂を繰り返し、やがて一つの成体へと成長していくプロセスを研究する分野であるが、そのプロセスを見ていくと、細胞にも意志があると思わざるを得ない場面にいくつも遭遇するという。たとえば、生殖細胞の本体である始原生殖細胞は、受精後四週間ほどして胚の中に現れてくるが、その始原生殖細胞は、まだ細胞分裂が繰り返されている胚の中で、その最終的におさまるべき位置に向かって細胞の間を移動し、目的地に着くと、周囲の細胞と協調して生殖巣を作り上げるという。その移動の様子を実際に目の当たりにした発生学者の団まりなは、細胞にも意志があると思わざるを得なくなったとして、

> 生きようとする細胞の〝意志〟、周囲の状況をいち早く把握しようとする細胞の〝監視行為〟、死に抵抗する細胞の〝創意〟、このような能力を細胞に認めることが、生き物に対する私たちの理解を大きく前進させる鍵であり、これができるか否かに、生物学の行く末がかかっている(6)。

と、述べている。この意志なくして、一つ一つの細胞が、全体で一つの成体を作り上げることなど起こりようがなかろう。そして、この一つ一つの細胞に全体と調和しながら個々の意志を与えているものこそが統合力そのものである。

以上述べてきたように、新たな統合力の誕生は、一つの細胞の中で、その統合力に見合ったゲ

ノムを作り上げるが、それに加えて、その統合力は、細胞分裂していくそれぞれの細胞のなかも貫きながら、全体で一つの成体になるよう、それぞれの細胞にそれぞれ異なる機能を発揮させているのである。そして、その同じ統合力が成体のなかも貫いているから、今度は、そうした成体が多数集まった時には、全体で調和のとれた種社会が生まれてくることになる。

私たち人間の世界を考えてみても、一人一人異なった価値観や欲求を抱いているようであっても、人と人とが集まる人間社会においては、個々人の行動を規制する何かが一人ひとりの心の中には働いてくる。人はそれを世間であるとか、常識であるとか様々な言葉で表現しているが、その源を突き詰めていくと、それは、一人ひとりを共通に貫く統合力としての共通感覚によるものであることが分かるであろう。その共通感覚そのものを、日常私たちは意識してはいないが、常識であるとか、世間であるとか、社会であるといったような目に直接見えないものの存在を感じられていることこそが、すでに私たち自身が、空間の壁を越えて、人と人との間に共通に貫かれている統合力の存在を感じとっていることなのだ。

人間種としての統合力である共通感覚は、アリストテレスによってその存在が指摘されたが、それは、コモンセンスとして、常識としての意味合いをも持っている。さらに、その共通感覚は、近代になって法との係わりで議論されてもいる。要するに、人間が人間社会の中で正しく生きていくことを促している源が統合力としての共通感覚にあるということである。これは後ほどまた改めて述べることにするが、他人に迷惑をかけず、正しく生きるという倫理や道徳的な事柄も、共通感覚というヒト種に特有な統合力に根差したヒト種の本能行動であるということだ。

以上のように、統合力は、一つの細胞の中で、その統合力に見合ったゲノムを作り上げ、細胞分裂を指揮しながら、一個の成体として完成させ、その完成された成体の中をも貫いて、個々の意志と係わっている。そして、その個々の意志が、種としての唯一無二の統合力と係わってくるから、そうした個々体が、それぞれ異なった環境の中で別々な行動をしているようでいて、全体で見た時には、調和のとれた行動になっていて、それが種社会を作り上げ、調和した生態系をも作り上げているのである。

以上のことから、統合力の存在がどのようなものであるのかが、おぼろげながらも理解してもらえたのではないだろうか。統合力は目に見える存在ではなく、目に見えるものの背後において、様々なものを一つにまとめ上げる場のような働きをしているのである。

種の遺伝情報をもつゲノム、その基本にはＤＮＡがあり、そのＤＮＡの組み合わせによる多様な遺伝子によって構成されているが、そうしたもの全ては、科学する目が捉えているように、目に見える世界にある。その見る目が、肉眼から顕微鏡や化学的分析に移ったとしても、それは目に見える世界にある。そうした目に見える世界でとらえられたモノの内を目ではとらえることのできない統合力が貫いていて、その統合力がゲノム全体を内から統御しているのである。

多分、先の団まりなではないが、科学者の中にも、細胞にも意志があり、単なる化学的な力で結びつき、成長し、行動しているのではないと、直感的に感じていた人もいたであろうし、今でもいるであろう。でも、その意志を具体的な形で表現しえないために、心の内に一人の思いとして秘め続けてきたのではないだろうか。そうしたことを科学の世界が排斥してきたのは、人間の認識力の本質による偏見なのだが、このことについては、第七章で改めて議論することにする。

3　聖地ルルドの奇跡を生み出す統合力

統合力の誕生が、全ての細胞に働きかけて、短期間に新たな種が、そして人間が誕生してきたというこれまでの推論を実証するすべはない。ただ、統合力が一つ一つの細胞を貫き、私たちの体全体を貫いていて、それが全体で一つの調和した世界を作り上げていることを垣間見ることのできる世界がある。祈りによって、重病を患っている病人が、ほとんど一瞬のうちに健康を回復するというルルドの奇跡。そこには、これまで述べてきた統合力の有り様を垣間見ることのできる事実が秘められている。

ルルドは、フランス南部、スペインとの国境を東西に走るピレネー山脈のふもとの小さな村。この村が有名になったのは、今から一五〇年ほど前、その村に住む一人の娘ベルナデッタの聖母マリアとの出会いによる。聖母マリアの聖言に従って、ベルナデッタは泉を見つけ出すことになるが、その泉から湧き出る水に触れることによって、多くの病人が癒され、完治することが起きていた。そうした噂を世界中の人が耳にすることで、毎年ルルドには、病気の回復を願って多くの巡礼者が訪れるようになった。

ノーベル生理学・医学賞を受賞し、医師であったアレキシス・カレルは、まだ医師になりたての若かりし頃、ルルドに巡礼する重病人への介護という要請に応えて、巡礼者の一行に同行することになった。カレル自身、ルルドでの神秘的な出来事を半信半疑の気持ちで耳にしていたが、もしそんな神秘的なことが起きているのだとしたら、医師としての、そして科学者としての目で、それを実際に確かめてみたいという思いもあって、その巡礼に同行することにした。

カレルがその巡礼の旅で体験したことは、彼自身の著書『ルルドへの旅』の中に詳しく描かれているが、そこでカレルの目にしたものは、まさに奇跡とも思える出来事だった(7)。医学的にはもはや治る見込みの全くない、カレル自身、今日、明日の命として治療を断念してしまっていた重病人(結核性腹膜炎)が、ルルドの泉から湧き出る水に触れた後、カレルの見ている目の前で、極めて短い時間の中で回復してしまったのだ。それは、カレルにとっては奇跡以外の何ものでもなかった。そして、この世の中には、論理的に考えられること以上の神秘的な世界があることを確信することになる。

ただ、当時、まだ医師としてのスタートを切ったばかり、前途洋々としていた科学者としてのカレルにとって、この神秘的なことに思える事実を事実として公言することには少なからぬ抵抗があった。というのは、現代の科学の世界においてもそうなのだが、当時、科学的に、そして、一般人の常識でも考えられないような神秘的なことを科学者が公の場で口にした途端、科学の世界から葬り去られることをカレル自身十分承知していたからだ。科学的には全く信じられないような現象に直面したとしても、それをそのまま事実として公言することは、カレルの科学者としての、そして医師としての前途に暗い影を投げかけるのは間違いなかった。でも、カレル自身、その事実は一生涯、決して忘れることのできないものとして心の内に焼きつけられた。そして、生あるうちに、その事実を世に知らせるべく、晩年になって、ルルドの奇跡に関するいくつかの著書を書き残している。その一つに『祈り』という著書がある。その中でカレルは、目に見える世界以外に目に見えない世界が存在するとして次のように述べている(8)。

生命の成就において、聖なるものの感覚がそれほどに重要である理由はなんだろうか？　どのようなメカニズムによって祈りは我われに働きかけるのだろうか？ここに我われは観察の領域を離れて仮説の領域に入る。しかし仮説というものは、危ういものであっても、知識の進歩に必要である。我われはまず、人間は、組織、体液、意識からなる不可分の全体をなしていることを思い出さなければいけない。そして人間はその物質的環境、すなわち宇宙から独立した存在だと思っているが、実際には不可分のものなのである。なぜなら、人間は大気中の酸素の絶えざる必要と、大地の与える栄養の必要によって、この環境に結び付けられているのであるから。他方、生命としての人間は、物理的連続体の中に完全に包括されているのではない。人間は物質と同時に精神から成っている。そして精神は、我われの器官の中に棲みつつも時間と空間の四次元の外にはみ出している。我々は宇宙と同時に、触れることのできない、非物質的な見えない環境、我われの意識に似た性質の環境にも棲んでいると信じることが許されるのではないだろうか？そしてその環境が欠けるならば、物質的、人間的世界が欠ける場合と同じほどの損害を受けずにはいられないのだと信じてよいのではないか？この環境こそ、全ての存在に内在しつつ超越する存在、我われが神と呼ぶ存在にほかならないのではないだろうか。

ここでカレルが述べている「全ての存在に内在しつつ超越する存在」とは、まさに、これまで本書で述べてきた時空を超越した世界に存在する統合力そのものである。これまで述べてきたように、言葉と五感との係わりの探求から、我われ人間を含む森羅万象の内を時空を超越した統合力が貫いていて、全体で一つの調和した世界を作り出していることが導き出されてきたが、カレルの体験は、そのことを直感的に感じとったものである。そして、この祈りによる病気の治癒が、医学の世界では到底不可能なほど加速的で、短時間に起きていることをカレルは次のように語っている(9)。

祈りは時として、いわば爆発的ともいえる効果をもたらす。顔面のエリテマトーデスとか癌とか、腎臓炎とか、潰瘍とか、肺や骨や腹膜の結核などの病人の疾患が、ほとんど瞬時のうちに治ってしまうのである。現象はほとんど常に同じように起こる。まず非常な苦痛があり、それから治ったと感じるのである。数秒の内に、せいぜい数時間のうちに、症状は消え、解剖学的障害が癒えてしまう。奇跡は治療の普通のプロセスの極端な加速によって特徴づけられる。このような加速が、外科医や生理学者の実験の際に認められたことはいまだかってないのである。

こうした現象をこれまでの科学では説明できないから、奇跡として考えられているのだが、カレルはこの奇跡とも思える現象を、医学者としての立場から次のように分析している(10)。

人間の精神力は、脳細胞の産物、ないしは脳細胞の仲介によって発現するものと考えられているが、生体を真に支配しているのはこの精神力である。それは脳髄のみに宿っているわけではない。あらゆる器官の状態に応じて発現し、その器官の状態を変えることもできる。意識と隣接してみられる精神的要素は、交感神経系に宿る以前でも器官の発生を決定し、それを規制しているらしい。

この精神的要素は、解明されている生理学的・物理化学的メカニズムを仲介にし、肉体の形態をその形成時に決定している。祈りによって得られる快癒は、この精神的要素の存在と器官に及ぼすその影響によって説明できる。かって肉体の形態を決定したこの力を再び刺戟することは、病を駆逐し、再び完全な形態に戻すことを可能にする。この力によって、われわれは純粋に精神的な本質と交わることができるのである。ある人たちにとっては空間と時間から抜け出すこともできるのである。

ここには、肉体の背後にあって、その肉体を作り上げている精神的要素の存在と、祈りがその精神的要素に働きかけることで、健全な状態に戻りうることが語られているが、その精神的要素こそ、これまで述べてきた統合力に他ならない。ここで語られている「かって肉体の形態を決定したこの力」とは、まさに統合力そのものであり、祈りとは、「この力を再び刺激すること」であり、「病を駆逐し、再び完全な形に戻すことを可能とする」のである。さらに、ここで述べられている「意識と隣接してみられる精神的要素は、交感神経系に宿る以前でも器官の発生を決定し、それを規制しているらしい」というカレルの直感は鋭い。それはまさに、受精卵から細胞分裂を繰り返しながら成体が作られていくその背後に、精神力が介在していることを指摘していて、それはこれまで述べてきた統合力の作用そのものである。

カレルがここで推測していることは、これまで本書で述べてきたように、一つの受精卵から成体に至るまでのすべての細胞の内を統合力が貫いていて、それによって成体が形作られてくるのだが、「祈り」の作用は、その統合力に働きかけ、それを活性化させることで、異常をきたしていた細胞を再び全体で一つの調和する世界に蘇らせるということである。すなわち、ゲノムから細胞、そして成体までを貫いている統合力が存在しているから、それが活性化されることで、不調和をきたしていた部分が調和を取り戻し、全体で一つの調和した健康な体が蘇ってくるのである。

ルルドで起きている数々の奇跡は、生命の営みが、われわれ人間の住み慣れた四次元の世界ではなく、時空を超越した統合の世界の中で行われていることを私たちに告げているのではないだろうか。そして、カレルが実際、自身の目の前で目撃した「医学的にはいまだかって認められたことのない短時間の中での治癒」は、統合力の活性化が極めて迅速な再生をもたらすことを示しているのと同時に、統合力の誕生によって、新たな種が短期間に誕生してくることの現実性を語りかけているように思える。

4 時空を超越した統合力の世界

さて、これまでは、統合力がゲノムから細胞、さらには細胞から成体までを貫き、生命体の誕生や種社会の構築とどのように係わってきたのかを見てきた。本節以降では、その統合力が、一体どのようにして細胞を貫き、空間の壁を越えて個々体に影響を与えているのか、時空との係わりを含めて考えていくことにする。

見えない世界の存在が、見える世界に様々なものを生み出している。それは、見えない世界としての実在（物自体）と、見える世界としての現象との係わりである。そして、見えない世界においては、時空を超越した世界が展開しているのに対して、見える現象の世界では、時空に支配された世界が展開している。だから、統合力の誕生のように、見えない世界で起きることは、見える現象の世界には、空間の壁を越えて一斉に起きる変化となって現れてくるのである。

私自身、言葉と五感との係わりの発見に端を発する一連の研究から、人間の誕生、そして種の誕生を誘発させた根源的なものとして、統合力の存在をつきとめることはできたものの、一体全体、その統合力はどのようにして、人間なら人間の内を貫いているのか、なかなか具体的なイメージを思い浮かべることができなかった。それは、あたかも昔から空間に遍満しているとされたエーテルのようなものなのかと思ったりもした。でも、その思い自体が、時空に束縛された考え方だと気付いた。要するに、統合力は一つ一つの個々体の内を貫いてはいるけれど、それは、我々が時空の世界で考えるような形で存在しているのではないということだ。

それを言葉で表現することはなかなか難しいが、あえて比喩的に述べるとすると、ひものつけられたいくつもの風船が、それらのひもを一点で結びつけられている状態に例えることができよう。それぞれの風船は、個々別々に空間の中を揺れ動いているけれど、それらの動きは一点の存在によって規定されている。そこには、時空で支配された世界を動き回る風船と、時空には左右されない一点とがある。その一点の存在を統合力の存在に対応させることができよう。一点の変化が、見える世界では空間の壁を越えて一つ一つの風船全てに一斉に変化を与えることになる。

それは、見える空間すべてに存在しているわけではないけれど、全ての見えるものの内を貫いていて、全てのものに一斉に影響を与えることになる。

もう一つ、あえて統合力と生物種との係わりを理解するための比喩を述べておくことにしよう。多分この比喩の方が読者にとって、時空を超越して存在している統合力の有り様を、より具体的にイメージできるのではないだろうか。その比喩とは、車と人間の創造性との係わりである。

車を作り上げている部品は、何千、何万とあるであろう。それらの部品が車としての機能を生み出すために、ある秩序のもとに組み立てられている。その秩序は、設計図として存在しているが、その設計図の源は、人間の抱いた車としてのイメージに由来する。車を車たらしめているのは、その車としてのイメージが、全ての車一台一台を貫いているからである。

この車一台一台を、種を構成する個々体に置き換え、人間の抱いた車のイメージを、その種に特有な統合力に置き換えて考えてみると、統合力と個々体との係わりがある程度理解してもらえるのではないだろうか。車も、車を作り上げている部品も、目に見える時空の世界にある。でも、車を車たらしめている人間の抱いた車としてのイメージは、全ての車の中に貫かれてはいるけれど、人間の心という時空に支配されない、目に見えない世界にただ一つのものとして存在しているだけだ。車としてのイメージはただ一つあるだけ。でも、そのイメージは、設計図に翻訳され、その設計図に基づいて、多くの部品が組み立てられ、たくさんの車が生まれてくることになる。そのイメージ・設計図・部品・車という係わりは、生物の世界での、統合力・ゲノム・遺伝子（タンパク質）・生物という係わりに対比できるであろう。

ただ、生命の生み出したものの内には、統合力そのものが内在しているのに対して、人間の生み出したものの内には、間接的に統合力としてのイメージが込められているだけであるから、上で述べた比喩も、車の内にあるとされるイメージは、間接的に存在しているということである。ただ、その直接、間接の違いはあっても、この比喩によって、統合力の個々体に存在している姿をある程度推測してもらえるのではないだろうか。

個々体のすべての内を統合力は貫いているが、それは、人間が三次元空間としてイメージするような空間には存在してはいない。そうした三次元空間を超越した世界に存在しながら、目に見える三次元空間に存在する個々体の内を貫いているのである。その統合力は心の基盤であるから、心が時空を超越した世界にあるということでもある。

思ったことが瞬時に相手に伝わったり、空間的に遠く離れた人同士が、ほとんど同時的に同じようなことに気付いたりといったことを時として体験することがある。それは目に見えない心の世界で起きていて、その心の世界は時空を超越しているからである。その時空を超越した心が、時空に束縛された肉体に宿っている。そこには、目に見えるものとしての肉体と、目に見えないものとしての心とが、一つの肉体の中に同居している姿がある。すなわち、時空を超越した心が、時空によって規定されている個々の肉体の内に、あたかも分割されているかのように存在しているのである。

それは生命の本質でもあるが、ヒンドゥー教の聖典の一つ『バガヴァッド・ギーター』は、人の心に内在する統合力としての悠久な生命（ブラフマン）について、

それは分割されず、しかも万物の中に分割されたかのように存在する。それは万物を維持し、呑み込み、創造するものであると知らるべきである(11)。

と語っているが、それはまさに三次元空間を超越した世界に存在するもののあるべき姿なのであり、統合力の存在そのものである。統合力は一つ一つの細胞を貫き、成体の内的世界をも作り上げている。そうした営みを見るとき、統合力は個々体の中に分割して存在しているように見える。でもそれは、四次元の世界で見ているからであり、時空を超越した統合力の世界では、一つの種の統合力は、唯一無二のものとして、分割されることなく存在しているのである。

そして、こうした時空を超越した世界の存在を理解してくると、先に述べた、統合力が既存の生物の細胞に働きかけて、新たな種を誕生させることの生命の営みが理解できてくるし、五万年前頃に起きていた人間誕生のドラマにしても、いくつか異なった地に別々に生活していた人類が、空間の壁を越えて一斉に人間へと進化していたことが、データが示しているように、真実な出来事だったと判断できるのではないだろうか。

5　時空の因果を乗り越えられない科学者たち

共通感覚の誕生が、いくつかの民族に、空間の壁を越えて同時的に誕生していたという一見不可思議に思える現象が、時空を超越した世界に誕生した統合力によるものであることを見てきたが、四次元の時空間に縛り付けられている我々の思索能力では、統合力の誕生が、人間誕生をもたらしたことを認めることができたとしても、それが空間の壁を超え、同時的に誕生していたとはなかなか理解できないであろう。だから、古生物の世界で起きている断続平衡の現象に直面しても、カンブリア紀の爆発という現象に直面しても、それらの現象の原因を時空の因果に則ったダーウィンの説く進化論的な立場から考え、時空の世界での因果が成り立つような解釈に作り上げてきた。

同じことが、考古学の世界においても起きている。あの五万年前頃、突如として起きた文化的爆発に対しても、考古学者であるオッペンハイマーは、その著書『人類の足跡10万年史』の中で、多くの研究者、特にヨーロッパを中心にする考古学者たちの主張する、人類は五万年前頃、生理的な変化によって、現代人のような知恵ある生物になったという考えに反論しているが、その反論の根拠となっているのが、以下に述べるように、その考えでは、実際に起きている現象を時空の因果に則って説明できないからというものである。

最近のＤＮＡ分析から、人類は七万年前頃、アフリカ大陸を離れ、ユーラシア大陸や、オーストラリア大陸へと移動していったことが明らかにされてきているが、その移動した民族は、アフリカ大陸を離れた一つの民族に由来している。すなわち、今、全世界に生活している現生人は、七万年前頃に、ただ一度きり出アフリカに成功した一民族に由来していることになる。彼の反論は、この結果を踏まえて、西ヨーロッパに広がった民族が、五万年前頃に生理的な変化によって、現代人のような知恵ある人間に進化したのだとすると、その後オーストラリアの民族とも、アフリカの中に留まった民族とも遺伝子の交換はなかったのに、アフリカの現代人も、オーストラリアの原住民も、ヨーロッパの民族と同じように、現代人としての知恵ある人間となっていることに合点が行かなくなってしまうとして、次のように述べている(12)。

もし、四万年~五万年前にヨーロッパ人の間ではじめて「行動的に完全な現生人類」の突然変異集団が地域的に進化したなら、他の殖民された世界――アジア人、アフリカ人、オーストラリア人――は描き、刻み、話し、石刃をつくり、あるいは馬に賭けるようなことはできないことになり、彼らの現代の子孫にもそれができないことになる。彼らはそのようなことを全て行っているのだから、これは全くばかげた話である。(中略) 同様の疑問に答える最も簡単な答えは、全ての非アフリカ人の祖先たちは、アフリカを出る時、すでに描き、話し、歌い、踊る完全な現生人類だった、ということだ。

この短絡的な結論は、人類の進化が、ダーウィンのいう突然変異と自然淘汰によるものであり、部分の変化が、交配によって種の中に浸透していくという、時空に束縛された考えから抜け出ることができないところから生まれてきている。目の前に現れている現象（文化的爆発）が、五万年前頃、人類に起こった心的な進化によるものであるというのが、四次元の世界の因果に則っていないから、それを理解するには、アフリカ大陸を出て、いくつか異なる民族に分かれて生活する以前に、すでに現生人へと進化していなければおかしいという理屈は、時空に束縛された因果律絶対の中で生まれてきた考えである。現象を正しく見るならば、五万年前頃、すでにいくつかの異なる民族に分かれて生活していた人類に、空間の壁を越えて、一斉に何かが起きていたという、時空を超越した世界の存在も視野に入れるべきなのだが、時空に束縛された科学者はそうは考えないのだ。

6 科学の限界

カントが『純粋理性批判』によって明らかにしたように、科学が探究できるのは時間と空間とによって規定された現象の世界だけであり、時空を超越した世界のことは、これまでの科学によっては明らかにすることは不可能である(13)。でも、だからと言ってこのわれわれの住んでいる世界の中に、時空を超越した世界が存在していないということではない。カントは、その存在を人間の心の世界、特に道徳心と係わらせている。ただ、カントは、時空を超越した世界が現象界にどのような影響を与えているのかに関しては、特別な考えを示してはいない。

これに対して、精神科医であったユングは、物理学の世界がもっぱら思索基盤としている時空の因果に対して、心の世界では時として、時空の因果に則らないことが起きているとして、それを共時性と名付けた(14)。夜見た夢が現実のこととして実際に起きたり、ある思いを強く抱いたことで、不可能と思われていたものが奇跡的に可能になったりと、心の世界での思いが現実世界に影響を与えることが時として起きることがある。こうした心と現実、心と物との係わりは、様々な局面において起きていて、ユングは、その共時的な事柄を易学の世界に求め、さらに、当時発展してきていた量子力学の中にもそれを見出そうと努めた。しかし、時空の因果律に則らない共時的世界を理論化するまでには至らず、道半ばでその生涯を閉じることになった。

いずれにしても、私たち人間は、生まれた時から四次元の世界に投げ込まれ、その世界の中で物を見、聞いてきたために、五感のとらえる現象の世界を記述する科学においても、四次元の世界でしか考えられない世界を作り上げてきてしまったのである。しかし、五感と係わった世界を一旦離れて、自身の心の内に意識を入れていくと、そこでは、時空を超越した出来事が起きていることが分かってくる。

何年も、何十年も会っていなかった人を急に思い出したりした時、突然その人が目の前に現れたり、あることを必死に考えている時、ふと見かけた情報が、答えのない問題に明かりをさしのべてくれたりといったことを時として体験することがあるが、こうしたことが起きるのは、この宇宙に、時空では規定できない世界が存在しているからである。ところが、こうした出来事は、個々人がそれぞれの場で体験していることであり、自然科学のような客観性をもっていないため、科学の世界からは一掃されてきた。

そして、その自然科学が対象とする自然現象の中に、時空の因果では説明できないものが時として起きていても、人はそれを不可解ながらも、時空の支配する因果の世界で解釈しようとしてきた。これまで述べてきた、古生物学の世界で起きている断続平衡の問題や、カンブリア紀の爆発、さらには考古学の世界で起きている文化的爆発など、現象としては、時空の因果の成り立たない現象ではあるけれど、時空の世界に身を没してしまっている科学者は、そうした現象にたいしても、時空の因果の中で解釈しようとしてきた。

でも、そうしたことが繰り返し行われてきている中で、究極の物理学として、宇宙誕生の瞬間を解明しようと取り組んでいる宇宙物理学や素粒子物理学の世界では、もはや時空という概念が通用しなくなってきていて、物理学者の中には、空間と時間は消える運命にあるのかもしれない、空間と時間は幻想だと本気で考える人も現れてきている。

また、量子力学の世界においても、これまでの時空の支配する世界を絶対とする思索基盤に疑問符を投げかけるような、ベルの定理として記述される新たな世界がクローズアップされている。ベルの定理によると、何万光年も離れた二つの光子が、瞬時に影響しあうことが起きていて、従来考えられていた局所的な世界ではなく、空間の壁を越えて、この宇宙が全体で一つのものとして統合されている非局所的な世界の存在を考えなくてはならなくなってきている(15)。

7 統合力を生み出す源としての「道」

これまでの科学は、時空の世界で因果が成り立つことが真実だとして、その因果に則らない現象を排斥してきた。しかし、科学が事物の細部に入っていけばいくほど、新たな現象が発見されてきて、それらが、時空の世界での因果に必ずしも則らないことが起きてきている。そうした現象は、時空の世界だけでは何とも説明しがたいものであり、謎という一言の中に入れられてきていた。しかし、われわれの住む世界には、時空によって支配された世界だけではなく、時空を超越した世界も存在していること、そして、その時空を超越した世界こそが、我々の目にする世界を作り上げているのであるということは、古来から、人間の心との係わりで、さまざまなかたちで語られてきた。その代表的なものを中国の古代思想に見ることができる。

中国思想の基盤となっているものに「道」がある。その「道」の示しているものこそ、時空を超えた世界にあって、森羅万象に内在する統合力を生み出す源となっているものである。これまで見てきたように、あらゆる生物の背後には、それぞれの生物種に特有な統合力がひかえている。そうした統合力の誕生には、そうした統合力を生み出す源が存在していることになるが、その根源的存在を「道」として表現していて、『老子』には次のように語られている(16)。

そのはたらきは時間空間を超越して止むことがない。これが天地の母である。この物は、限定できないから、名づけられない。かりに名づけて「道」と呼ぶ。二五章

「道」は天地に満ち満ちていて、四方八方くまなく行きわたっている。万物は、「道」の現れとして生ずる。三四章

働きは時空を超越し、「天地の母」として万物を生み出す源となっている「道」とは、まさに多様な統合力を生み出す源である。

さらに、「老子」とともに老荘思想の核となっている『荘子』の中でも、「道」は次のように語られている(17)。

道とは、実在性があり真実性がありながら、しわざもなければ形もないもので、身に受けおさめることはできても、それを人に伝えることはできず、身につけることはできても、その形を見ることはできない。それ自体すべての存在の本源とも根拠ともなるもので、天地がまだ存在しない昔からしてもともと存在し、鬼神や上帝を霊妙にし、天や地を生み出

すのだ。大宗師篇　第六

目には見えないものではあるけれど、全ての存在の源となるものであり、天地がまだ存在しない昔からあり続け、天や地をも生み出したものとしての「道」、これらの古代思想が語る「道」とは、時空を超越した世界に存在し続ける、まさに悠久なる生命であり、森羅万象の内を貫く多様な統合力の源となっているものである。

さらに、『荘子』の中では、当時の学者たちが、時空を超越した全体で一なる世界を部分に分解し、部分だけで理解しようとしていることに警鐘を鳴らしている。それは、まさに現代の科学の世界で起きていることを予言するかのような言葉でもある(17)。

世界じゅうの人々は、おおむね全体の一部分だけをつかんで、それで自分なりに満足している。たとえてみれば、耳や目や鼻や口が、それぞれにその役割を果たしていても、たがいに他の役割を兼ねることができない、というようなありさまだ。ちょうど、多くの官職の特殊な技術のようなものである。いずれもそれぞれの長所があって、役に立つときもあるのだが、しかし全体を兼ね合わせることはできず、すべてにゆきわたることもできず、一局部に目を蔽われた士人たちである。

彼らは天地自然のあるがままの美徳を分析し、万物をつらぬく一つの理法をひきさき、古人の把握した全一の世界を分割するばかりで、天地の美徳をそのまま身につけ、その霊妙明覚な働きかたに一致していけるものは、少ない。そのため、内に聖人の徳をたくわえて外に帝王の統治を達成するすぐれた道は、暗く蔽われて明らかにされず、とじこめられて外にあらわれなくなった。世界じゅうの人々は、それぞれ勝手に自分の好むことを行って、それを自分の道としている。悲しいことだ。諸子百家の人々は自分の道を進むだけでふりかえりもせず、これでは必ず一致することもない。後世の学者たちは、不幸なことに、もはや天地自然の純粋さや古人の把握した大きな全体が目にはいらず、真実の道を追求する学問は、いまや世界じゅうの人々によってひきさかれようとしているのだ。天下篇　第三三

ここで述べられている万物をつらぬく一つの理法こそ統合力の存在であり、真実の学問は、その統合力の存在を追求することであるのに、その全体で一なるものがひきさかれていることを嘆いている。

こうした警告が二〇〇〇年以上も前にすでに発せられていたということは、人間の抱く認識力の根底に、時空によって規定されてしまう本性的なものが存在しているということであり、その本性を指摘したのが、まさに先に述べたカントの『純粋理性批判』である。

8　見える世界と見えない世界との懸け橋

科学は、もっぱら時空に支配された目に見える現象の世界を分析し、その分析結果から、現象界に起きていることの中で法則を作り出してきた。物理学にしても、物が落下するという現象を分析することから、ニュートン力学やアインシュタインの一般相対性理論が生みだされてきた。それらはあくまでも、目に見える現象の世界に展開するものの分析結果であった。そこでは、その現象を生み出している源について云々することはなかった。なぜ重力が働くのか、重力はどこから生まれてくるのか、そうした問題と係わった目に見えない世界に関しては蓋をして、現象の世界だけについて記述してきた。だから、そこには大きな問題は生まれてはこなかった。

ところが、新たな物理学は、そうした見えないものにも探求の手を伸ばしていかざるを得なくなってきた。この宇宙の誕生を記述しようとするとき、必ず起きてくる問題は、物質は一体どこから生まれてきたのか、重力はどこから生まれてきたのかといった根源的な問題であるからだ。その物理の世界では、新たな理論が打ち立てられようとしているが、そこでは、四次元の世界をはるかに超えた一〇次元、一一次元の世界が語られてきているし、そうした次元の存在そのものに対しても疑問符が投げかけられ、時間と空間の概念に訴えない新たな理論が必要ではないかという意見も現れてきている(18)。

同じように、生物の世界においても、見える世界においてＤＮＡやゲノムが詳細に分析され、それらの働きが明らかにされてくるにしたがって、細胞内での遺伝子のふるまいや、成体発生に見られる細胞の振る舞いが、秩序ある、極めて統制のとれたものであることが明らかにされてきていて、そうした秩序や統制が一体どこから生まれてきているのかが新たな問題としてクローズアップされてきている。こうした問題は、これまで述べてきたように、時空を超えた統合力の存在によっていて、時空の因果によって分析しようとしてきたこれまでの科学では、その答えを見つけ出すことはできないものであった。

また、断続平衡の現象やカンブリア紀の爆発のように、突然新たな生物が誕生してくる現象に関しても、その現象の背後には、時空を超えた見えない世界の存在があった。それにもかかわらず、これまでの科学者たちは、そうした現象までも、時空の世界での因果に則って解釈しようとしてきた。それが、これまで見てきたダーウィンをはじめとするダーウィニストたちの犯してきた過ちであった。それでは一体どうして、科学ではとらえることのできない生命進化の本質が、言葉と五感との係わりという、極めて単純なことに思えることからとらえることができたのであろうか。

目に見えない内的世界（実在）で起きていた新人誕生の出来事を、言葉と五感との係わりに端を発する一連の研究結果がとらえることができたのは、言葉と五感との係わりに民族性があり、それがＤＮＡの分析結果や考古学による民族ルーツとよく一致しているという現象界での事実と、次のことが極めて重要なのだが、その現象の世界に表現された言葉と五感との係わりを生み出しているものが、現象の世界では決してとらえることのできない共通感覚（統合力）に根差したものであるという哲学的考察ができたからである。

前者は、生命の営みを外なる世界、すなわち現象の世界でとらえて客観化させているのに対して、後者は、その現象を生み出す源としての内的世界を直接とらえている。すなわち、人間自身の心から生み出された現象――それは言葉と五感との係わりであるが――について考えたから、現象とその現象を生み出している源としての内的世界の存在とを同時にとらえることができ、その結果として、新人誕生という生命進化が、内的世界に新たに誕生した統合力によるものであることを突き止めることができたのである。

これまで進化学者がもっぱら行ってきたことは、人間以外の生物の形態や行動、さらにはＤＮＡといった現象界に表出された生命の営みの結果を分析することであり、それぞれの生物が内に抱いている統合力に関しては、その存在さえも気付いてはいなかった。それと、ＤＮＡや血液型といったものから人間の進化を考えたとしても、それらを直接人間の内なる世界、すなわち実在の世界と係わらせることができないから、実在の世界に横たわる統合力の存在をとらえることができなかったのである。

だから、もし、言葉と五感との係わりから生まれてきた結果を、ただ外に現れる現象の世界だけで議論していたとすると、言葉と五感との係わりにある民族性が、ＤＮＡの分析結果と類似していて、それらが遺伝性を帯びているということしか言えなかったであろう。それだと、ＤＮＡ、血液型、タンパク質、あるいは人骨化石といったものと同じように、ただ、民族のルーツ、民族の遺伝性を語る手段の一つに加えられただけで終わってしまっていたことであろう。DNAの分析からも、血液型の分析からも決して浮かび上がってこないもの、それはヒト種に共通な統合力の存在である。そして、その統合力は、現象界に直接その姿を現すことはないから、言葉と五感との係わりのように、その統合力によって直接現象界に表出されたものをたよりに、人間自身の心の内に入っていくことで、初めてその存在をとらえることができたのである。

もちろん、記号としてのDNAにしても、人骨化石の形態にしても、それらは統合力の現れではあるけれど、それらが統合力そのものと結び付いていることを知る手立てはなかった。というのは、これまで何度も述べてきたように、統合力自体、現象の世界に直接その姿を現すことがないから、もっぱら見える世界に起きる現象を分析することに終始してきたこれまでの科学では、統合力そのものをとらえることができないからである。だから科学者は、DNAの記号性や、その記号の持つ意味や機能といった見える世界でとらえられるものについては、詳細に分析することができても、では一体、DNAの記号性や、その記号が生み出す機能はどのようにして生まれてきたのかについては、不問に付したり、いくつものもっともらしい仮説を作ったりしているだけで、決定的なものは得られないままなのだ。

ところが、言葉と五感との係わりは、記号としてのDNAや人骨化石の形態と同じように、現象界での特徴ではあるけれども、その言葉と五感との係わりが、内的世界のどこから生まれてくるのかを、自分自身の心を内観することによって、共通感覚という統合力の存在をとらえることができたのである。すなわち、言葉と五感との係わりという我々の内的世界から生まれてきた現象を研究対象としたために、現象と実在、すなわち現象と物自体という生命の営みを外と内の両面からとらえることができ、現象界に表出しているものの根源が、内的世界の統合力にあることを突き止めることができたのである。

このように、一方では遺伝という現象としての世界で言葉と五感との係わりを論じながら、もう一方では、その言葉と五感との係わりを生み出している源を実在の世界で哲学的に考察することができたために、全体を一とする統合力としての共通感覚の誕生が、ヒト種を誕生せしめた本質的なものとして、突き止めることができたのである。

そして、このことは、生命の進化、種の誕生を考える上で極めて重要なことを物語っている。というのは、森羅万象全て内的世界を抱いているにもかかわらず、その内的世界を意識と係わって直接とらえることができるのは人間だけであり、かつその意識が人間自身の内的世界に向けられた時だけであるからだ。だから、どんなに科学が最先端技術によって現象界の諸々のものを分析できるようになったとしても、現象界に直接その姿を現すことのない統合力を科学的、すなわち客観的にとらえることは決してできるものではないということであり、これからの科学の課題が、ここに露呈してきているように思える。

生物の進化、種の誕生は、時空を超越した世界と、時空によって束縛された世界との関係を理解しない限り、その真実は見えてはこない。それは見えない世界と見える世界との係わりでもあるが、この二つの世界を作り出しているのは、実は、人間自身の心の世界にある。その人間の心の世界は、大きく意識と無意識とに分けられるが、その意識と無意識という二つの世界が人間の心にあることから、生命の進化、種の誕生を考える上で、いくつかの異なる解釈がなされてきた。

次の章では、人間の心がもたらす二つの世界に関して、生物の進化と係わらせながら見ていくことにしよう。

第七章　部分と全体

1　科学の世界から排斥された跳躍主義者たち

時空を超えた世界で何かが起こる。統合力の突然の誕生による新たな種の誕生という生命の営みは、これまでもっぱら時空に支えられた世界と係わってきた科学の世界では、論外のこととして素直には受け入れられないであろう。しかし、これまで見てきたように、この宇宙の営みが、必ずしも科学によって、すべて解明されるものではないことも理解できるのではないだろうか。

カントは、この科学の限界を『純粋理性批判』に託して世に送り出した。その中で、カントは、我々の理性が知りえるのは、時空に支配された現象の世界だけであり、その現象を起こさせている「物自体」としての内的世界のことは、もはや理性の理解力を超えていることを導きだした(1)。すなわち、理性を基軸として考えられている科学は、目に見える現象の世界を理解することはできても、目に見えない生命の根源と係わる世界を分析することは、不可能であることを示したことになる。

確かに、生物そのものの変化は、化石、あるいは今生きている生物の形態や行動という現象に現れてきてはいるけれど、その現象を生み出す源は、現象の内に秘められた内的世界にある。それは、我々の日々の行動を促しているものが、目に見える肉体そのものにあるのではなく、目には見えない我々の内的世界である意志にあることを考えてみれば容易に想像できることであろう。

その内的世界こそが、目に見えるこの宇宙を生み出し、様々な生物を誕生させてきているのであるから、生命進化の真相を解明するためには、目に見える現象のこと以上に、目で直接とらえることのできない内的世界のことを知る必要があるのは当然のことである。しかし、これまで、その内的世界を知るすべはなかった。というのは、どんなに多様な生物を観察し、どんなに様々な生物化石を集めてきても、そこからは、それらを生み出した内的世界を見つけ出すことは出来ないからだ。そして、その内的世界を見つけ出すには、先に述べたように、意識できる力をもった人間が、自分自身の内的世界を覗き見ることがどうしても必要だったのである。にもかかわらず、ダーウィンの『種の起原』以降、生命の進化の問題は、もっぱら科学の問題として、目に見える現象の世界だけで議論されてきた。そのため、内的世界との係わりは、単に宗教との係わりとして、科学の世界からは一掃されてきてしまったのである。

ただ、そうした中にあって、新たな種の誕生が、ダーウィンのいうような部分の漸次的変化によるのではなく、科学ではまだとらえきれていないなんらかの作用によって、突然起きていたのではないかと考えていた科学者もこれまで何人かいた。遺伝学者であったリチャード・ゴールドシュミットもその一人である。彼は、ガの変異の研究から、部分的な変異からは決して予想できない大きな異なりが、近縁種間にあることを直感的に感じるようになった。そして、種間の違いを説明できるような大きな突然変異があるにちがいないと想像し、その大きな突然変異に「有望な怪物」という名前までつけ、新たな種の誕生は、突然の「ジャンプ」によって起こると考えた。しかし、ゴールドシュミットの考えには経験科学的な支持が全く欠けていると批判され、その後、彼は跳躍主義者として物笑いの種にされることになってしまった。

日本の生物学者を代表する一人であった今西錦司にしても、ヒラタカゲロウの幼虫の棲み分けの研究から、直感的に新たな種は突然誕生すると考えた。しかし、今西の考えも、ゴールドシュミットの考えと同じように、その考えを支持する論理基盤に欠けていたために、ゴールドシュミットと同じように、科学者によって批判され、最後には、自ら「自然科学者をやめる」と宣言するまでになってしまった。

このように、生物を科学してきた科学者の中には、新たな種は突然誕生することを直感的に感じていた人たちはいたけれど、その直感を支持するだけの論理基盤をもたなかったために、科学の世界からは葬り去られることになってしまった。しかし、これまで見てきたように、新しい種の誕生は、現象の世界ではとらえることのできない新しい統合力の突然の誕生によってもたらされているということが、データに基づいて論理的に推論できてきたことで、こうした過去の科学者の直感に、論理の明かりを灯すことができるようになった。そして、それは、漸次的進化の中に組み込まれようとしている断続平衡の現象やカンブリア紀の爆発が、新しい種の誕生が突然起きていたことを物語る、まさに証拠であることを確信させてくれる。

これまで、断続平衡の現象やカンブリア紀の爆発に関して、科学者の中には、ダーウィンの進化論では説明のつかない何かまだ科学ではとらえきれていないものが関与していたに違いないという直感を抱く人もいた。しかし、それが一体何なのかが分からないために、ダーウィンの進化論を基本にして、それらの現象を解釈しようとしてきた。

断続平衡説を提唱し、古生物学に関する著作に精力的に活躍してきた古生物学者であったグールドにしても、アメリカで起きている進化論対創造論の論争の中で、創造論を否定し、進化論を擁護する側の先頭に立って活動していた(2)。また、グールドと共に断続平衡説を提唱したエルドリッジにしても、断続平衡の現象が示しているものが「古きダーウィニズムが描く進化の描写がすべて正しいわけではない(3)」と、ダーウィンの進化論をやわらかく否定する一方で、化石記録の年代計測の精度が、五〇〇〇年から五万年ほどであることから、突然と見える種の変化が、跳躍主義者が主張するようなものではなく、その五〇〇〇年から五万年という隠された時間の中でゆっくりと変化していたのではないかと、跳躍主義者としてのレッテルを張られることに抵抗してきた。

どうして彼らが、跳躍主義者とされることをそんなにも嫌うのかが分からないが、先に述べたゴールドシュミットのように、物笑いの種にされることを恐れているからなのかもしれないし、跳躍主義者としてのレッテルが、キリスト教とからんだ創造論者と混同されることに抵抗しているからなのかもしれない。しかし、そのこと以上に、突然新たな種が誕生するというような、時空の世界での因果に則らない変化をはなから嘲笑してしまう偏見が、科学者の心の底で働いているからなのではないだろうか。

2 意識と無意識が生み出す二つの世界

時空の世界での因果に則らない現象に対して、無意識的に拒絶してしまうという科学者の陥りやすい偏見は、科学の限界でもあるのだが、それは、人の心の世界に展開する意識と無意識との係わりから、ある意味必然的に生まれてくるものである。というのは、我々は、意識できる心の世界の底に、意識することのできない無意識の世界があることをうすうすは感じながらも、その無意識の世界が非論理性に満ち、時空を超越した創造性にあふれていることや、その世界が生命の営みや我々の行動を直接左右しているということにはほとんど気付いていないからである。

我々は、意識に関しては、記憶と深く係わって、その存在を当たり前のように感じ、自分自身の日々の行動が、自分の意識と係わった意志で行われていることに、何の疑いも抱くことはない。しかし、無意識の存在となると、それが無意識であるだけにそう簡単にその存在を認識してはいない。

例えば、ある映画や本、あるいはTVのある番組を見たいという思いは、確かに意識できるから、そのものを見ようとするのだが、では一体なぜそれらを見たいと思うのかを自問してみる時、その問いに核心をついた答えを得ることはなかなかできないのではないだろうか。確かに面白いからとか、感動的であるとか、言葉では表現できても、それでは一体なぜ面白く、なぜ感動するのかを追究していくと、なかなか意識の世界で具体的な答えを見出すことが難しくなってくる。そして、その面白いとか、感動とか、さらには幸せであるとか、自由であるとか、日常当たり前に感じ、使っている言葉の本当の意味を探ろうとすると、それはまさに哲学することであり、形而上の事柄となってきて、確固とした答えをつかむことが難しくなってくる。そして、この形而上の世界こそ、我々の心の内に存在する無意識の世界なのである。

先に見た言葉と五感との係わりも、それを生み出す源のイメージの傾向性は、我々の無意識の世界にあった。だから、我々は、意識することもなく、様々な言葉を五感と特有な係わりとして日常当たり前に用いている。また、ある人を好きになったり、ある人と妙にうまが合ったりするのが一体どうしてなのか、論理的に説明することなど不可能に近い。こうした感情的なことや情緒的なことも、全て我々の無意識の世界と深く係わっている。

また、ニーチェが、

或る哲学者の大概の意識的な思惟は、その本能によって秘かに導かれ、一定の軌道を進むように強いられている(4)。

と述べているように、我々の意識が闊歩すると考えられている哲学さえも、無意識の世界に秘められた本能的なことによって考えさせられているのかもしれない。このように、我々の日常生活の多くの営みが、実は、無意識という心の大地に支えられているものなのだ。

そして、人間の心の中に、この意識と無意識の世界があるために、人間がとらえる自然の営みに、二つの世界が存在することになる。一つは、意識がとらえる世界であり、それは目に見える現象の世界である。そこでは、あらゆる営みが時間と空間とによって規制されていて、時空での因果が成り立っている。科学が対象とするのはこの世界である。これに対して、もう一つの世界は、無意識と係わる世界である。それは、現象を生み出す源となっている世界であり、現象の内に秘められた世界である。それこそが、生命と直接係わる世界であるのだが、目で直接とらえることができないために、科学の世界では切り捨てられてきてしまった。

人間が自然と係わろうとすると、必ずこの二つの世界と係わらざるを得ないのだが、ほとんどの科学者は、目に見える現象ばかりにもっぱら意識を傾けてしまい、目に見えない世界を切り捨ててしまうことになる。そして、その意識を自身の無意識の世界に向けることがないから、すなわち、自分自身の心の内を内観することがないから、自然の営みはもちろんのこと、生命の営みそのものである生物進化の問題までも、意識できる世界だけで理論を作り上げてしまうことになるのである。そのことが、これまで見てきたダーウィンの提唱する進化論の不完全性を生み出すことになってしまったのである。そして、この無意識の存在を感じ取る力が強い科学者ほど、先のゴールドシュミットや今西錦司の提唱する跳躍的な理論を受け入れることができるし、逆に、その力が弱い科学者ほど、今度は時空の世界での因果の成り立つダーウィン的な学説に、強く固執してしまうことになるのである。

生命の営みを理解する上で極めて重要なことは、人間には、この意識と無意識の世界が同居しているということをはっきりと知ることだ。そして、意識できる世界はもっぱら時空の束縛を受けるのに対して、無意識の世界に入れば入るほど、時空の束縛から離れ、時空を超越した世界にたどりつくことになる。そして、生命の根源は、われわれの意識がとらえる現象の世界にあるのではなく、我々の心の底の底、無意識の奥深くに横たわっていて、それは時空の束縛からも離れているのである。

3　理性と直感がとらえる二つの世界

意識と無意識によって、いくつかの相異なる世界が生まれてくることになるが、その一つに理性と直感との係わりがある。理性は意識を代表するものであり、無意識を代表するものが直感である。ただ、理性と一言で言っても、その意味するものとしては、いくつか異なった側面がある。

理性について深く探究したカントは、理性とは、認識したものを体系化し統一する力と定義した。そして、自然の様々な営みを統一する究極の統制者として霊魂や神を考え、理性はそうしたものに憧れ、人間の心をその理想とするものに向かわせようとする力であると考えた(5)。したがって、理性は、心の内に感じられる崇高なものに近づこうとするのと同時に、目に見える不可思議な自然現象を分析し、それらを論理的に統一させようとする力でもある。前者は人を宗教や道徳へと向かわしめ、後者は科学へと向かわしめることになる。

科学しようとする心としての理性は、なぜ太陽は東の空から昇り、西の空に沈んでいくのか、どのようにして人間は誕生してきたのかといったような疑問に対して、論理的に答えようとする。その理性の力によって、ニュートンによる万有引力の法則が生み出されたり、ダーウィンによる種の起原が考え出されたりしてきた。これは人間だけが持つ能力である。

これに対して、直感は、人間だけに限られたものではなく、森羅万象の内に存在し、全宇宙との係わりを全体で一つとしてとらえる能力である。全ての生物は、この直感に基づいて生命を維持するための行動をとっているが、人間の場合には、直感からのメッセージを一旦理性で咀嚼し、論理的に判断した結果に基づいて行動するというのが一般的である。

したがって、元々生命体の内から生まれてくるものは、全て全体で一なるものを基盤にしていて、直感はそれを全体で一つのままとらえるのに対して、その全体で一なるものを部分に分解し、部分によって理解しようとするのが、人間に与えられた理性ということになる。理性の落し児としての言葉にしても、それらは全て心の内に生まれる全体で一なるイメージを部分に分解することによって表現したものである。

我々の心の内に全体で一なるイメージが作られるから、そのイメージを表現しようと、理性はそれを一つ一つの単語の並びとして言葉を発する。すなわち、全体で一なるものを理性は言葉という部分によって切り出してくることになる。だから、部分が先にあるのではなく、全体で一なるイメージが何よりも先に生み出されてくるのである。そして、この全体で一なるイメージの創出こそ直感の働きに他ならない。

直感によってもたらされた全体で一なるイメージを部分に分解することによって生まれてくるものは言葉だけに限らない。科学も理性によって全体で一なる世界を部分に分解することで生み出されたものである。本来、この宇宙に存在する無数ともいえる惑星や恒星は、全体で一となる統合力によって調和した世界の中で動いている。ところが理性は、その全体で一となる統合された世界の中から、二つの物体、例えば地球と月だけを切り出してくる。その二つの係わりから、万有引力の法則が生み出されてきた。だから、引力の式には、二つの物体の係わりだけが表現されている。そこには、全体で一となる世界から切り取られた部分と部分の係わりが表現されているだけだ。だから、大枠のところでは正しくても、細部において誤差が生まれてくることになる。それは、理性の及ぶことのできないきめの細かい世界における誤差である。

これに対して、直感は、始めから全体を一つのものとしてとらえる。そこからは誤差の生まれる流れがない。だから、引力の式など知らない彗星も、地球や火星や木星といった太陽系の惑星はもちろんのこと、それ以外の惑星とも係わりながら、全体で一つの世界の中で調和したふるまいができるのである。瞬時瞬時に全体を一つとする調和の世界の中で軌道を描く。そこには誤差はない。全体との係わりを瞬時瞬時に把握し、その全体の中で全体として統合されるように動くのである。

それは、円錐の頂点にのせられたボールを平衡に保とうとする状態に譬えることができる。円錐の頂点とボールの重心とが完全につりあう位置を求め、その一瞬の釣り合いをとらえたのが理性的世界である。それは静的であるから一つの式で表現できる。これに対して、統合の世界は、変化する環境（それは円錐が置かれた土台が絶えず動いている状態に相当する）と係わって、ボールを頂点に留め置こうとする絶え間のない活動である。前者は、一瞬の内に起こる静止の状態をとらえているのに対して、後者は、常に動いている動的世界である。そして、前者は、科学がとらえようとしている生命不在の世界であるのに対して、後者は生命そのものの世界である。すなわち、静的世界では円錐とボールとを内的世界のない単なる物として外を見る目でとらえるのに対して、生命と直接係わる動的世界では、その動いているものの内に入り込み、それと一体となって初めて全体をとらえることができるのである。

このように、生命の営みにおいては、太陽や月といった天体はもちろんのこと、生物においても、絶えず変化する世界の中で、全体を一つのものに統合しようとする力が内的世界で働いていて、それを人間も生物も直感によってとらえている。ところが、その全体で一とする動的な生命世界を理性は静的なものとして外から眺め、それを部分に分解し、その部分から森羅万象の営みをとらえようとするから、部分の営みは理解できても、全体で一なる生命の営みを切り捨ててしまうことになる。そして、科学は、まさにこの理性によって主導されているために、部分の変化だけに意識がとらわれ、生命そのものとしての全体で一なる世界を切り捨ててしまうことになるのである。

4　理性と直感がとらえる部分と全体の世界

森羅万象、全て生命の営みであり、そこに表現されているものは全て全体で一とする世界の中にあって、部分には分解できないものである。要するに、我々がとらえる森羅万象が、どのように部分の集まりのように見えたとしても、その根底には全体で一なるものが見えざる世界にひかえているということだ。それは、言葉も部分としての単語の集まりであり、道具も部分としての部品の集まりではあるけれども、その根底には人間の抱く全体で一なるイメージがひかえていることと全く同じことである。

全体で一なるイメージがあるから、そのイメージを伝えようとして言葉が発せられるし、道具としての全体で一なるイメージがあるから、いくつもの部品を組み合わせて全体として一つの機能をもつ道具を生み出すことができるのである。それが生命の本質なのだが、人間の理性は、その全体で一とする世界を内から見るのではなく、客観と称される外の世界でとらえ、それを部分に分解し、部分と部分の結び付きから自然の営みが、そして生命の本質がとらえられるものと考えてしまうのである。そして、科学は、理性の主導によってなされてきたために、全体で一なる世界を外から見ることによって、すなわち目に見える現象の世界だけと係わることで、その現象を部分に分解し、その部分の特性をもって自然の特性であるとしてきた。

言葉によるコミュニケーションにしても、それを可能にしているのは、直感が描き出す全体で一となるイメージを理性が部分に分解し、それを一つ一つの単語によって表現することができるからである。鳥も動物も人間と同じように直感の世界を内に秘めている。その直感によって全体で一なるイメージを絶えず創出しながら、そのイメージに基づいて行動し、声を発している。ところが、鳥や動物には理性がないから、その全体で一なるイメージを部分に分解することなく、全体で一なるイメージのまま一つの声として発しているのである。

これは言葉だけに限らない。道具においてもまったく同じである。チンパンジーにしても石を道具として用いるし、鳥の中には、枯れ枝を道具として用いる鳥もいる。しかし、それはまさに鳥が声を発し、チンパンジーが声を発するのと同じで、石も枯れ枝も全体で一なるイメージそのままの活用である。ところが、人間の場合には、直感が創出した全体で一とする道具のイメージを理性が部分に分解し、その部分に見合った部品を作り、今度は、その部分としての部品を再び全体で一つとして統合させることで複雑で多様な道具を生み出してきた。すなわち、部品の集合体として一つの機能を持つ道具を誕生させることになった。これは、個々異なる単語の組み合わせによって、全体で一つのイメージを表現する言葉と全く同じである。

すなわち、元々この宇宙は、全体で一つという世界が存在するだけなのに、理性がそれを部分に分解し、部分もこの世に存在するかのような錯覚におとしめてしまっているのである。そして、先に述べたように、科学もまさに全体で一なる世界を理性によって部分に切り取ることで生まれてきたものであるから、そこでは、自ずから、生命活動にとって最も大切な全体で一つとなる世界が切り捨てられてしまうことになる。

言葉も道具も、人間の持つ統合力があって始めてその存在があるのであって、道具だけが、言葉だけがこの宇宙に存在していたとしても、それはなんの意味もないものになってしまう。だから、人間と係わらなくなった道具は、不自然なゴミと化してしまうのである。それと同じように、この宇宙の営みを理性だけで切り取ってきた科学は、人間の概念の世界だけに存在するものであって、自然そのものなどではないのだ。

5 機械と生命

ダーウィンの述べる進化論は、突然変異と自然淘汰による漸次的変化が新たな種を誕生させるとしていて、突然変異という言葉が示すように、全体で一なる生命体を部分の寄せ集められたものとしてとらえてきた。だから、そこでは人間の作り出した機械のように、部品と部品の係わり合いや、改良方法など、機械の進歩の歩みと同じように、生物の変化の歩みを極めて論理的に説明できる。

こちらの歯車の歯数をいくつにすると、次の歯車の歯数はいくらいくらに変化させなければいけないとか、こちらの歯車の回転数をこれこれに上げると、結果としてこれこれの効率が得られるといったように、全てが論理によってきめ細かく記述される。そして、新しく、より効率の高い機能を得るためには、これこれのところをこのように改良すればいいであろうという予測さえも論理的に示すことができる。

ダーウィンの進化論は、生命の営みの結果として、現象界に表出された形態や機能といった機械的なものに探求の焦点を当てているから、上で述べた機械の改良のように、生物の変化を環境と係わりながら論理的に記述できる。そして、その論理にほとんど間違いがないように思われる。そこでは、一つの機械、同じ機能を持っている機械の中での部品間の係わりや、ちょっとした部品の交換や改良による変化を議論しているだけであるからだ。そこではもはや、その機械がどうしてそのような機能を生み出すのか、そして、その機能は一体どこから生まれてくるのかということが議論の舞台に上ってきていないからである。機能は始めから存在しているものとして、議論の対象にはなっていないのだ。

ところが、その機械に一見似ているが、全く新しい機能をもっていたり、高い効率をもっていたりするような新しい機械の誕生について考える時、先の機械論では説明できないものが見えざる世界に控えている。しかし、ダーウィンの進化論的考えでは、その新しい機械の誕生までも、単なる部品の変化によってもたらされたものとしてしまっているのである。

部品的にも形態的にも一見よく似ている二つではあるけれど、その二つの間には、機械だけを見ているのでは決して浮かび上がってはこない設計図の異なりがある。そして、その設計図の異なりのさらに根源には、設計者の心の内に描かれたイメージの異なりがある。その目に見えないイメージが、部品相互の係わり、すなわち部品と部品とを結びつける秩序を生み出し、機能の異なりを生み出しているのであるが、機械そのものしか見ていない者にとっては、二つの機械の異なりが、部品のわずかな違いから生まれてきているものと見えてしまうのである。

部分の突然変異が、自然淘汰を受けながら漸次的に蓄積されて、最後には種としての全体が変化するというダーウィンの進化論は、まさに、この機械の部品だけに注目して作り上げられた進化論である。そして、その進化論は、DNAという設計図の発見によって、より細部に至るまで見ることができるようになり、部品だけではなく、細部の相互の係わりまでも詳細に比較されるようになって、より論理的にダーウィンの進化論の正当性が語られるようになってきた。

しかし、どんなに機械を細部に分解しようとも、どんなに設計図を詳細に比較しようとも、設計者のその機械に対するイメージは、設計者の心の内に秘められたままである。そして、機械Aとは異なる機械Bの誕生において、最も大切なものは、設計者の抱く機械Bのイメージである。そのイメージによって、機械Aとは異なる機械Bが誕生してくる。種の誕生にとって重要なことは、機械Bの誕生であって、機械Aの改良ではない。そして、機械Bの誕生をもたらしたものが、人の抱く新たなイメージの創出にあるのと同じように、種の誕生は、種の内に秘められたイメージならぬ統合力の新たな誕生によるものなのだ。

6 形態と機能

部分だけに注目して作り上げたダーウィンの進化論を支持する科学者の多くが陥っている過ちは、部品の集合だけで機能が生まれてくるという錯覚である。先に共通感覚と機械との係わりのところで触れておいたように、機械に機能を生み出しているのは、部品の集まりではなく、その個々の部品を全体として一つの秩序あるものにまとめ上げているイメージであり、それは共通感覚としての統合力に根ざしている。そして、その統合力は人間の内にあるのであって、現象としての外の世界には決してその姿を現さないものであった。それと同じように、全ての生命体には、この統合力が内在しているから、生命体としての営みを行うことができているのである。

この統合力は、現象の世界には現れてはこないものであるから、現象だけに見入る科学者は、その存在を見落としてしまうことになる。そして、現象の世界に表出された形態だけに見入り、その形態が部分から作り上げられていることを示すことによって、あたかも生命体が部分から作り上げられているものであると思い込んでしまうのである。その誤謬を犯している端的な例が、ダーウィンの進化論を最も強く信奉する科学者の一人、ドーキンスの作り上げたバイオモルフと呼ばれるコンピュータによる形態進化である(6)。

彼は、コンピュータを用いて、世代ごとに起こる遺伝子の突然変異を何世代か蓄積することで、単純な形態から、アゲハチョウ、アマガエル、キツネ、コウモリといった生物に似た形が生まれてくることを示し、これらをバイオモルフと名付けた。彼は、このコンピュータモデルにおいて、まず始めに一本の垂直線をタネとして、その線に作用するいくつかの機能をもつ九個の遺伝子を初期条件として与えた。一本の垂直線は、Y字型に二つに分岐し、分かれた枝のそれぞれが再び二つに分岐するというふうにして、単純なものから複雑に見えるパターンを作り出している。その分岐の角度や方向、枝の長さといったものを制御しているのが、九個の遺伝子のそれぞれの機能として与えられている。このプロセスの中で、個々別々の命令を司る遺伝子が、時としてその命令に誤りを犯すことで突然変異の作用をもたせ、その結果として、先に述べたような様々なバイオモルフが生まれてくることを示している。

彼は、このバイオモルフの誕生をもって、突然変異と自然淘汰による漸次的変化によって、新たな種が生まれてくるというダーウィンの進化論の正当性を証明しえたと考えた。でも、彼がここで犯している過ちは、先に述べたように、部分の集合体としての形態が、機能をも生み出しているという暗黙の了解である。形態的には同じようなものが生まれてきたとしても、部分の集合だけでは機能は生まれてはこないことに、彼は気付いていないのだ。形態だけにとらわれ、その形態の内に秘められた統合力の存在を無視してしまっているのである。

これまで述べてきたように、人間の心の抱く意識と無意識の世界が、部分と全体という世界を生み出しているために、生物の世界において極めて重要な種と個の問題も、そこに端を発することになる。次章では、統合力によって支えられる種とその種を構成する個との係わりについて考えてみることにする。そこからは、生命そのものから見るとき、実在しているのは個ではなく、種であることがよりはっきりと浮かび上がってくる。そして、この統合力が、生物の内はもちろんのこと、物質の根源であるところの素粒子の世界までも貫かれていることを明らかにしようと思う。

第八章　個と種

1　種とは何か

種とは一体何なのか。種は実在しているものなのか、それとも人間の概念の中だけにあるものなのか。種は不変のものなのか、それとも時の流れとともに変化して、他の生物種へと変わってしまうものなのか。こうした種にまつわる疑問は、ダーウィンの『種の起原』が世に出現して以来、繰り返し議論されてきた。

ダーウィンは、種としては存在してはいるものの、それは極めて流動的であり、絶えず変化していくものととらえていた。そのことをダーウィンは、はっきりと次のように述べている(1)。

私は種が不変のものではないこと、おなじ属のものとよばれているいくつかの種はある他の、一般にはすでに絶滅した種に由来する子孫であり、それはある一つの種の変種とみとめられているものがその種の子孫であるのと同様であることを、完全に確信している。

ダーウィンにとっては、種は存在してはいるものの、それは時間とともに変化し、自身の学説である変異と自然淘汰によって、漸次変化しているものと考えていた。

ダーウィンの進化論を遺伝子の視点から考えているネオダーウィニストの多くも、種そのものの実体を認めてはいない。彼らは、種そのものの存在というより、同じ形態をした個の集団として種をとらえている。だから、遺伝子に突然変異が起こり、その変異が自然淘汰によって個体群の中に蓄積されていくことで、その個体群の形態も行動様態も時の流れと共に変化していくものと、ダーウィンと同じように考えている。

これに対して、古生物学者の多くは、断続平衡現象に見たように、古生物の化石記録が示している事実、すなわち、一つの種が何百万年、何千万年という長い間、ほとんど変化することなく生き続けていることを論拠として、種は実在しているし、絶滅するまであり続けていると考えている。

このように、種と個の問題に関しては、これまで種など見かけのものであって実在しているのは個だけだというものから、種こそ実在するものであるとするものまで様々な考えが提言されてきた。こうした考えが生まれてくる背景には、個と種という相異なる二つのものを同じ土俵の上で議論していることにあるように思える。

というのは、個は四次元の世界に厳然と存在していて、誰でも目で直接とらえることができるのに対して、種は個の作る集団としてとらえられるか、あるいは、個を超えて個々体の形態や行動様態に共通して流れている何かとしてとらえられるか、それは単なる認識だけではなく、人間の抱く概念とも係わってきていて、個のように四次元の世界に確固としたものとして存在してはいないからだ。したがって、先に見たように、種の存在も含め、種の定義として様々なものが提案され、議論されてきた。

ただ、こうした議論が湧き起こってくる背景には、個と種の存在様態の異なりだけではなく、人間の抱く二つの認識世界が深く係わってきていることがある。その二つの認識世界とは、一つは、物事を論理的にとらえようとする認識世界であり、もう一つは感じる世界である。それは、先に述べた理性と直感との係わりでもある。

この二つの世界が人間の認識世界を形作っていることをわかりやすく示した実験結果がある。それは、脳の分析から生まれてきたものだが、脳には左脳と右脳があって、それぞれが異なった機能を果たしている。左脳は主として論理的なことと係わり、言葉を話したり、数学的な思考をめぐらしたりするときに活性化される脳である。これに対して、右脳は、主として情緒や情感といった感性的なことと係わる脳である。この左脳と右脳とは、脳梁という神経線維の束によって結ばれている。だから、健常な人では、左脳に入った信号は、脳梁を経由して右脳に伝えられ、右脳に入った信号は、脳梁を経由して左脳に伝えられる。したがって、五感を通して入ってくる様々な刺激は、右脳と左脳と両方の脳で処理され、それぞれの脳の持つ機能によって認識が行われることになる。

ところが、この脳梁を癲癇の治療のために切断し、右脳と左脳とが切り離された人がいる。癲癇の原因の一つに、一方の脳に起こった突発的な電気パルスが、脳梁を経由して他方の脳に入ることによるものがあるが、このような原因で起こる癲癇に対しては、脳梁を切断することで、その発作を抑えることができる。この脳梁を切断した患者（分離脳患者）は、左脳に入った刺激に対しては、健常な人と同じように、その刺激を言葉で論理的に説明することができる。ところが、右脳に入った刺激に対しては、意識的にそれを認識することができない。

このことを端的に物語る実験結果がある。この分離脳患者に、特殊な装置を用いて、左目でとらえた刺激が右脳だけにしか行かないようにして、左目にちょっと恐ろしい映画の一場面見せた。そして、何を見ましたかと質問すると、「何を見たのかよく分からない。白く光っただけのように思うのですが。ただ、どうしてなのかよく分からないのですが、私は恐いのです」と、答えが返ってきた。そして、さらにその恐ろしい感情を説明しようと、「多分この部屋が好きではないからなのでしょう。あるいは先生のせいかもしれません。先生のせいでなんだか神経質になっているようです。」と、答えている（2）。

この結果が示していることは、人間には二つの認識の世界が存在しているということである。一つは、はっきりと意識と係わって認識し、それがなんであるかを論理的にとらえることのできる世界、すなわち理性と係わる世界。もう一つは、意識はできないけれど感じることのできる世界、すなわち直観の世界である。そして、通常私たちは、この二つの世界を同時に認識しているために、感じている世界をも論理的に説明しようとすることになる。個と種の問題は、この二つの世界の認識から生まれてきたものに他ならない。そして、種についての多様な考えが提示されているのも、種に対する認識が、この二つの世界と深く係わっているからである。

私たちは、ある生物を認識するとき、個としての存在と同時に、その個の持つ全体的な特徴を一瞬のうちにとらえている。その全体的な特徴というのは、まさに感じる世界でとらえているものである。だから、ある個の集団に対して、個を超えて存在している共通な何かを感じ取っていて、その何かを種としてとらえると同時に、それを論理的に説明しようとするのである。

感じる世界では種の存在を感じ取っていて、それはそれで実在するものなのだが、それだけでは科学にもならないし、他の人とそのものを共有することもできない。だから、他の人と共有するために、感じているものを論理的に説明しようとするが、その論理に個人差が生まれ、多くの種にまつわる定義が生まれてくることになる。

感じる世界、すなわち直観がとらえるものは、言葉で説明できない全体で一なるものである。その一なるものを、理性が言葉によって部分に分解していくと、始めの一なるものは消え去ってしまう。こうした人間の認識が、種の問題を複雑にさせている一つの要因であることは確かであろう。

2　DNAではなぜ統合力の存在をとらえることができないのか

我々は犬なら犬、猫なら猫を一つの種として特定することができる。どんなに個々の犬が個々異なった固有の形態をもっていたとしても、その異なりを超えて、全ての犬に共通に貫かれている犬としての種の特徴をとらえることができる。その特徴は、言葉によって論理的になかなか説明できるものではないが、我々はそれを一瞬のうちにとらえることができる。そのことを可能にさせているのは、全体を一つとしてとらえることのできる直感に他ならない。その直感が、犬なら犬の種としての特徴を全体として一なる世界で一瞬のうちにとらえているからである。

これに対して、理性ができることといえば、犬としての種の特徴の上に繰り広げられる個々のものの特徴である。身体の模様がどうのこうの、尻尾の長さが長いとか短いとか、足の長さが長いとか短いといった特徴は、個々体の部分の特徴であり、それらは理性によって具体的にとらえることができる。だから、それらの特徴を言葉によって説明することができる。ところが、そういった個々体の部分の特徴を乗り越えて、個々体に共通に存在している種の特徴に関しては、理性によってとらえることはできない。理性によってとらえようとしたとたん、とらえようとするものは理性の網の目をすり抜けてしまう。まさに、群盲象を評すになってしまうのである。

すなわち、生命の営みから見れば、種の存在は、全体を一とする直感の世界にあるのであって、理性でとらえられるものではないということだ。したがって、DNAにしても、全体で一となる統合された生命の世界を理性が部分に分解してとらえたものであり、そこから浮かび上がってきたA（アデニン）、T（チミン）、G（グアニン）、C（シトシン）という四つの遺伝記号は、まさに全体を一とする統合された世界から部分を切り取ってきたものである。だから、そうしたものによって組み立てられた遺伝子にしても、ゲノムにしても、そこでは、種を特徴付けている全体で一なるものが切り捨てられてしまっているのである。

先に述べたように、種に特有な統合力は、既存の遺伝子を用いて、その種に特有なゲノムを作り上げる。そのゲノムによって、その種に属する個々体は種としての共通した形態に形作られるが、個々体の差異は、個々体のもつ遺伝子の微妙な異なりから生まれてきている。すなわち、種としての共通な様態は、統合力によって形作られたゲノム全体の中に秘められているのに対して、個々体の差異は、そのゲノムを構成する遺伝子の変異による微妙な異なりから生まれてきているということだ。だから、記号としてのDNAをどんなに分析しようとも、ヒト種をヒト種たらしめている統合力をとらえることはできないのだ。そして、このことが、先に触れたように、DNAの分析によってイヴの誕生をとらえることはできても、共通感覚という全体で一なる統合力の誕生をとらえることのできない理由であったのである。

ただ、ここで注意したいことは、種を特徴付ける全体を一とするものを切り捨ててしまっている記号としてのDNAの分析からも、種を分類することができるようになってきているが、このことから、記号としてのＤＮＡによって種を特徴付けている全体で一なる統合力がとらえられていると考えてはならないということだ。というのは、記号としてのＤＮＡの分析がもたらすものは、あくまでも記号としてのＤＮＡの種間の相対的な差異であって、それが種の異なりと直接係わるものではないからである。要するに、記号としてのＤＮＡがとらえているものは、種間に発生している変異の履歴の異なりであって、種を特徴付けている統合力そのものの異なりではないということだ。

ＤＮＡによる種の分類は、目の形、耳の形、口の形、足の長さ、身体の大きさ等など生物の形態を何千、何万もの部分に分解し、それらをコンピュータで比較して種の異なりを浮かび上がらせているようなものである。どんなに細かく分解していっても、部分の差異はとらえることができても、種を形作る全体で一なる統合力の異なりをとらえることはできない。すなわち、人間の理性によって切り出された記号としてのＤＮＡの分析は、種間に生じるＤＮＡの部分の相対的差異をとらえることができても、全体として一なる統合力そのものをとらえることはできないということだ。

それは、車種と部品との係わりに譬えることができる。どんなに車一台一台を分解し、部品同士を比較したとしても、部品の差異は見つけられても、車種そのものの異なりを見つけ出すことはできまい。というのは、車種の異なりは、部品の異なりにあるのではなく、車全体のデザインの異なりにあるからであり、それは人間の抱くイメージの異なりにあるからだ。

3 個と種

生命の営みからみれば、すなわち内的世界からみれば、実在しているのは種であって、個は目に見える現象の世界だけでとらえられたものだ。生命そのものと直接係わるのは、種に特有な唯一無二の統合力だけである。その唯一の統合力を抱いた個々体が、様々な環境と係わって、共通な統合力にもとづいた創造性を発揮し行動する時、理性のとらえる個が浮かび上がってくる。

すなわち、我々の目にする個は、時空の支配する現象界にだけ存在しているのに対して、それらの個を同種として共通に貫いている種としての統合力は、時空の支配することのない世界にただ一つのものとして存在していることになる。そして、そのただ一つのものを我々は、個々体の差異を超えて、共通な種としてとらえているのである。

こうした個と種の係わりは、数珠に譬えることができる。一つ一つの珠が個々体であるとすると、それらを共通に貫く糸が種に特有な統合力である。珠が肉体であり、糸が心の世界と考えてもいいだろう。そして、ここで重要なことは、個々の珠がどのように変化しようとも、その変化は、種としての唯一の統合力（ここでは糸）に支えられた中での変化であり、内を共通に貫いている唯一のものが変わらない限り、種としての数珠は変化しないということだ。個々の珠は現象の世界でとらえられた個々体であり、それらは時間と共に変化する。これに対して、個々の珠を共通に貫く糸は、ヒト種でいう共通感覚のように、種を構成する個々体の内を共通に貫いているその種にとっての唯一無二の統合力であり、種が絶滅しない限り、変化することなくあり続けているのである。

まずは種にとっての唯一の統合の世界があって、その統合の世界が種を構成する個々体を共通に貫き、その個々体が、それぞれの個体を取り巻く環境の中で、環境を含んで全体で一となるように、統合力の内に秘められた創造性を発揮し、行動しているのである。すなわち、種を形づくる個々体を取り巻く環境は、個々体にとって皆微妙に異なるが、その異なった環境にあわせて、唯一の統合力が全体で一になるよう個々体の中で創造性を発揮し、個々体全てが、個々別々な活動をしながら、種に特有な種社会を作り上げているのである。

したがって、生命の世界においては、統合力だけが実在しているのであるから、個の変化から種の統合力が変化するなどということが起こりようがない。統合力はそれぞれの種に唯一のものとして存在し、その統合力が変化するとき、先に述べたように、新たな統合力の下で、新たなゲノムが作られ、初めて種を構成する個は一斉に新たな種へと変化するのである。

個は交配によって、新たな個を誕生させる。それは、我々の理性がとらえる現実の世界である。しかし、それは、個を共通に貫く種としての統合力の支配する中での営みであり、そのことによって、統合力には微塵の変化も起きてはいない。新たな種を誕生させる生命の営みは、種を保持しようとする交配とは全く次元の異なったものによってもたらされるのである。

交配というのは、同じものを維持しようとする営みが本質である。確かに、時として、突然変異が生まれてくることもあるが、たとえ突然変異が生まれたとしても、それは種としての生命を維持するためのものだけが保持されていくという、まさにダーウィンが語るように、有用な変異が保存され、不利な変異は捨てられていく自然淘汰に他ならない。ただ、その有用な変異であっても、あくまでも、種を種たらしめている統合力の下で規制された変異であり、種を維持していく営みの中に組み込まれているのである。

これに対して、種の変化、新たな種の誕生は、種と種との係わり、種と宇宙との係わりといった、生命全体と係わった営みである。不稔性によって明らかなように、種間には種としての異なりを維持していこうとする本質的なものがある。それは、種が他の種と独立に存在しているからではなく、きちんと他の種との係わりを保っているからこそ種間に不稔性が生まれてきているのである。

そこに、種と種との係わりといった生命全体との係わりで種が誕生してきていることとの本質がある。それは、言葉を変えて表現すれば、統合力と統合力との係わりの中で、生命活動が営まれているということである。したがって、新たな種の誕生は、全生命活動と係わった中での統合力の変化であり、理性がとらえる交配というような現象の世界でとらえられる営みからではなく、まさに時空を超えた世界で行われる生命の営みによってもたらされるのである。

生命の進化、種の誕生を人間の理性の世界から見ていくと、個の変化が見えてくる。確かに、生物は代を重ねるごとに変異が起こり、ダーウィンが語っているように、それが生存にとって有利に働くものであるなら、それらは蓄積され、個は漸次的に変化していく。この変化は、全体を一とする統合の世界から見るならば何の変化でもないのだが、個に重きを置く理性のとらえる世界から見れば、確かに変化として見えてくる。そして、そのことを基盤にして、個に起きた変化の蓄積が次第に種を変えていくものと考えてしまうのである。

要するに理性がとらえる世界では、個だけが存在しているものとして映る。だから、個の変化が時間と共に大きな変化となり、新たな種が誕生すると考えてしまうのである。そこでは、種を種たらしめている全体で一とする統合力の存在を見落としているのであり、それは生命不在の世界である。だから、全体で一とする統合力の存在を無視し、個に起きる変化だけから生物の進化をとらえようとしてきたダーウィンの進化論は、まさに生命不在の進化論であるということだ。

生命の営みはあくまでも全体で一とする統合力によってなされる。先に述べたように、種の誕生にしても統合力の誕生によってもたらされるものだ。内から外への作用が生命の営みであるにもかかわらず、理性は、その生命の営みを外からしか見ていない。それは、自身の心の奥深くに生命の源としての無意識の世界が広がっていることに気付いていないのと全く同じことである。

この内に存在している全体で一とする統合力と、理性のとらえる現象との係わりは、綱渡り師と、その綱渡り師が手にした一本の竿との係わりに譬えることができる。竿を手にした綱渡り師は、バランスをとるために、その竿を左右に傾ける。竿の変化は、綱の上に安定に身を置くために必要なものであって、その変化が新たな何かを生み出すものではないし、一方向のみへの変化だけであったたら、綱渡り師は綱から落ちてしまう。そして、その変化は、たえず変化する環境と係わって、綱渡り師の抱く全体で一というイメージによるバランスの中から生まれてくる変化である。どんな変化であっても、それが、綱から落ちないようにするための変化であるから、それは、綱渡り師が内に抱く全体で一となるバランスの中に組み込まれていなければならない。目に見えない内的世界では常に全体で一となるよう営まれているものが、目に見える外の世界では変化として現れてくる。このように、外的にはどんなに変化があったとしても、内的には、全体で一となる調和の世界があり続けているだけである。

これと同じように、生命の営みにとって、変化は、絶えず変化し続ける環境と係わりながら、生命を維持していくためには不可欠なものではあるが、その変化は、種としての全体で一なる統合の世界の中に組み込まれていなければならない。だから、どんなに部分が変化したとしても、種としての基本的形態も行動様態も変わらずにあり続けるのである。要するに、個に現れる突然変異も、それが維持されていくためには、その個の属する種に特有な統合力によって統制されたものでなければならないから、どんなに個々体に突然変異が起ころうとも、それが統合力自体を変えることなど起こりようがないということだ。

そのことは、先にも述べたように、ショウジョウバエにX線を照射して、いくつもの突然変異を起こさせながら、何千世代も交配を重ねても、種は変わらないままであったという事実が物語っている。新たな種は、そうした部分の変化から生まれてくるのではなく、森羅万象と係わった統合力の変化によってもたらされるのである。その統合力は、先に述べたように、時空の支配する現象の世界ではとらえることのできない内的世界で各個体を共通に貫いているのである。

4　個の意志と種の意志

以上述べてきた個と種との係わりは、人間一人ひとりと社会との係わりでもある。人間一人ひとりには意識できる個としての意志がある。その個としての意志によって一人ひとりが日々の日常生活を営み、それが、それぞれの仕事と係わりながら社会活動を営んでいる。でも、その個としての意志も、個々人の無意識の世界に秘められたヒト種としての共通の種の意志によって統制されていて、社会が全体で一つとなった秩序に保たれてくるのである。確かに一人ひとりの行動は個々人の意志に基づいて行われてはいる。でも、その行動に駆り立てている源を少し深く考えてみると、それは、人間すべてに共通なヒト種としての統合力に根を張ったものであることが分かるであろう。

それがヒト種として共通な統合力に根差しているから、統計的に分析された世論調査といったものを社会全体の意見を反映したものとしてとらえることができるし、人間の消費行動をとらえたマーケティングといった考えも成り立ってくるのである。人の嗜好性、購買意欲、価値観といったものを統計的にとらえて販売促進を行おうというのがマーケティングの手法であるが、そのマーケティングの理論が成り立つのは、人間に共通な感性世界、欲求の世界があるからであり、そうした世界が存在するのは、人間全てがヒト種としての共通な統合力を内に抱いているからである。もちろん、そうした嗜好性や価値観といったものには、民族間や地域間による差異はあるけれど、そうしたものの根底では、多かれ少なかれ、人間に共通な統合力が作用しているのは確かであろう。

共通感覚は時としてコモンセンスといわれ、常識と深く係わっているが、その常識も、人間すべてがヒト種としての共通な統合力を内に抱いているから生まれてきているのである。また、共通感覚は、法とも深く係わっているといわれているが、その法が生まれてくるのは、一人ひとりの心の内に、人間社会の中に秩序を保たせようとする共通感覚としての統合力に根差した良心や道徳心があるからである。

ヒト種にそうした共通な統合力がなく、人間一人ひとりの行動が、個々人に特有な個々人の意志だけで行われていたなら、マーケティングという理論も成り立たないし、人間社会の秩序といったものも全く望めはしないであろう。我々は、自分の行動を自分の個人的意志に基づいたものだと確信しているが、その行動を起こさせている源には、ヒト種に特有な統合力が働いているのである。

蟻や蜂に見られる本能行動にしても、ダーウィンは、それを不可思議なこととしているが、そこには蟻としての、蜂としての種に特有な統合力があって、その統合力を基盤にして本能行動が営まれているのである。そこには蟻なら蟻の、蜂なら蜂の種に特有な統合力に裏打ちされた意志がある。

したがって、一つ一つの個はそれぞれの個の意志によって行動しているが、その個の意志は、全体で一という種の意志によって統御されているのである。すなわち、種の意志は、種に特有な統合力となって個々体の内に潜在していて、一つ一つの個が、個々別々な環境の中で生きるときに、それぞれの環境に即して、種に特有な統合力に基づいた創造性を発揮し、行動しようとするのが個としての意志になるのである。だから、個とは、環境と統合力とによって作り上げられた一つの存在ということになる。したがって、個々体が様々な環境の中で生きていても、それぞれの個々体の創造的な営みは、種の統合力——それを種の意志と呼ぶなら——その種の意志によって統御されているから、種全体で見た時に、調和した世界が築かれてくることになるのである。

人の心にしても、全ての人の心の中に共通なヒト種としての統合力（共通感覚）がある。ただ、個々人の置かれた環境との係わりにおいて、個々感じ方が異なってくる。そのため、その異なりによって同じ統合力でありながら、統合力の持つ創造性の発揮の仕方が異なってくる。こうして、社会活動が個性に富み、多様性をおびてくることになるが、その多様性にしても、ヒト種の持つ統合力によって規定されているのである。そして、人の場合には、その環境が、単に自然環境だけではなく、人間社会が築き上げてきた文化や文明、さらには民族や国家や家系の歴史といったものとも深く係わってくるのである。

5　個の内に抱かれた潜在能力

種に特有な統合力は、種の潜在能力の範囲内で創造性を発揮する。その創造性によって、個々体は変化する環境と係わりながら、その種に特有な創造活動を営むことになる。したがって、種の持つ潜在能力は、環境が変化するのに伴って、新たな能力を発揮してくることになる。このことは、人間の人間社会の変化に対応した営みを見てみれば良く分かるであろう。原始時代、人間に与えられた生きるための環境は、鹿やバイソンなどの食料としての動物を狩猟することにあった。そこでの人間としての種の持つ潜在能力は、狩猟をいかに有効に行うか、そして、それらのものをいかに蓄えるかということにあったであろう。

ところが、現代社会においては、コンピュータと係わった多種多様な仕事が生まれてきていて、その新たな環境の中で、人はその環境に適合し、自身の能力を発揮している。それらの能力も、人間としての種の持つ統合力の潜在能力である。そして、一万年以上前の人間も、今の人間も、基本的にはヒト種としての同じ統合力を抱いていて変わるところはないのだが、ただ、その潜在能力によって具現化されるものが、環境の変化と共に変わってきているということである。

種のもつ統合力は微たりとも変わってはいない。たとえ、個々体の形態に微妙な変化が生まれようとも、種のもつ統合力は微たりとも変わってはいない。それは、何十億年という間、この宇宙は絶えず変化し続けてきていても、物を統合する統合力（それは重力として現象の世界ではとらえられているが）に変化がないのとまったく同じようにである。変わるのは、環境の変化によって引き起こされる統合力による産物である。人間の場合にも、共通感覚という統合力は一〇〇〇年前、一万年前のものと微たりとも変わってはいない。ただ、環境が変わることによって、共通感覚が生み出す道具や芸術品などが変化し、文明や文化が変化してきているだけなのだ。すなわち、同じ統合力の下で生み出されたものが、新たに生み出されるものの素材になって、また新たなものが生み出されるということが繰り返されているのである。創造性を発揮している統合力は変わることなくあり続けている中で、その創造性によって生み出されてくるものが年々歳々変化しているのである。

そして、人間の場合には、道具の発明や言葉によるコミュニケーションのように、自分の意識できる意志によって統合力に秘められた潜在能力を発揮することができ、それが文化や文明を生み出してきているが、人間以外の生物は、人間のような意識できる意志がないから、変化する環境の中で、その潜在能力を棲み分けや種社会の形成といったことで表現しているのである。

この個と種社会の係わりは、図5に示しておいたように、細胞一つ一つとその細胞の集合体である一個体との係わりにも当てはまる。我々人間の体を構成する細胞は約六〇兆個といわれているが、その細胞のほとんどが、皆同じゲノムを内に抱いた同じものである。それにもかかわらず、それらの細胞は、あるものは心臓の細胞として働き、あるものは脳の細胞としての機能を発揮する。基本的には全く同じゲノムを内に抱いた同じ細胞が、人間の体という環境の中で、様々な機能を持った細胞となって蘇ってくる。それは、一見同じように思える細胞が、一つ一つ異なった環境の中で、その細胞に適した営みを自身の秘めている潜在能力の中から選択的に発揮し、全体で一とする人間を作り上げているからである。こうした細胞の振る舞いから、先に述べたように、個体発生を研究している科学者の中には、一つ一つの細胞に意志があると感じている人も現れてきているが、そうした細胞の主体性も、一つ一つの細胞を貫く統合力の下で細胞の営みが行われているからである。

これまで、細胞分裂によって生み出される同じゲノムをもった同じ細胞が、なぜある成長段階から、それぞれが異なる機能を持つ細胞に変身していくのかは謎だった。ところが、最近になって、それぞれの細胞の中で、特異な遺伝子だけを活性化させる遺伝子スイッチの存在が明らかにされてきた。ただ、分子生物学者は、そうした遺伝子スイッチの存在を明らかにしたことで、これまでの謎を解明できたと考えているが、では、その遺伝子スイッチの制御は一体何によってなされているのかは不問に付されたままである。同じように、分子生物学は、門、綱、目といった生物群の基本的なボディプランを作り上げる役割を担う遺伝子群として、ホメオボックス遺伝子の存在をとらえてきている(3)が、そのホメオボックス遺伝子に関しても、それを制御しているものは一体何なのかは、やはり不問のままなのだ。

こうした科学の取り組みは、車をこと細かく部品に分解することで、車の機能の発生メカニズムを明らかにしようとしていることと同じである。どんなに車を細かく分解し、部品と部品との係わりや一つ一つの部品の役割を明らかにすることができたとしても、車の機能を生み出している根源的なものを探り当てることはできまい。というのは、車の機能を生み出している根源的なものは、そうした部品や部品間の係わりにあるのではなく、車を作り出した人間の心の中に、車としてのイメージとして存在しているだけだからだ。

それと同じように、同じゲノムをもつ同じ細胞にまったく異なる機能を発揮させ、全体で一つの生命体に作り上げているのは、個々の細胞を貫いている種に特有な統合力の存在である。その種に特有な統合力が、個々の細胞を貫いていて、まるでオーケストラの指揮者のように全体で一つの世界を作り上げているから、科学の目が捉えてきた遺伝子の様々な機能が有機的に発揮されているのである。

統合力のもとで活性化される多数の細胞と、それによって形作られる一個の生命体との係わりは、先に述べた人間と人間社会との係わりや個と種社会との係わりと全く同じである。すなわち、細胞であっても、種を形作る個々体であっても、それらの内には、その種に特有な統合力が秘められていて、その統合力の下で、個は環境と係わり、創造的に活動しながら、全体で一つの世界を作り上げているのである。

人間一人ひとりも、人間としての共通な潜在能力を内に秘めている。それは、これまで何度も述べてきた統合力としての共通感覚に根差したものであるが、それは、人間に共通に秘められたものである。人は、様々な環境の中で、その共通な統合力を基盤にして、環境にあった自分を作り出し、そうした多様な個人の集合によって、全体で調和した人間社会を作り上げているのである。

だから、個々人が人間として、基本的には同じ統合力を秘めているのに、ある人は政治家になり、ある人は経営者になり、ある人は研究者や芸術家となる。ある人は農業を営み、ある人は漁業を営む。それぞれと係わる環境の中で、全体を一とする中から個々人には様々な職業や活動が生まれてくることになる。そして、その活動が、全体で一となる人間社会を築き上げているのである。だから、同じ一人の人間でも、環境を変えることで全く新たな潜在能力を発揮する機会が与えられてくることになる。それは、個々同じ細胞が、それぞれの抱く創造性によって様々な機能を発揮し、全体で一となる人間の精神と肉体とを作り出していることや、病気などによって失ってしまったある細胞の機能をリハビリなどによって他の細胞が肩代わりしてくれることなどと全く同じことである。そして、これまで見てきたように、それぞれの種には、全体で一とするその種に特有な統合力が秘められていて、その統合力の下でそれぞれの種が、それぞれの種に特有な形態や行動を生み出しているのである。

6　本能は統合力の現れ

ダーウィンが、自身の学説に対して挙げたいくつかの難点も、その由来を突き詰めていくと、全体を一とする統合力を無視し、生物の営みを部分によってとらえようとしていたことから生まれてきていることが分かる。たとえば、ダーウィンの挙げた一つの難点として、生物の本能の問題があるが、その本能も、これまで何度か触れてきているように、それぞれの種に特有な統合力から生まれてきているのである。

本能が現在の生活条件のもとでおのおのの種の幸福のために、身体的構造と同等の重要性をもつものであることは、普遍的にみとめられるであろう(4)。

と、ダーウィンがいみじくも述べているように、本能と身体的構造とは二にして一なるものであり、それを生みだしているのが、まさに統合力の存在である。先に述べたように、種に特有な統合力が、一つ一つの細胞を貫き、ゲノムをコントロールすることで、種としての特徴を持つ形態が作られてくるように、その統合力は、その種を構成する個々体の心の内に働きかけて、種としての特徴を持つ本能行動を行わせているのである。

統合力というのは、環境も含めて常に全体で一となるように働き続けているから、種を構成する個々体は、自身の抱く種としての統合力によって、様々な環境の中で絶えず全体で一になるよう創造的に行動することになる。その行動を外から眺めていると、その種に特有な本能行動として見えてくるのである。

人間にしても、その例外ではなく、共通感覚の誕生がもたらした言葉によるコミュニケーションにしてもそれはまさに人間の本能である。その本能の表出である言葉によるコミュニケーションも、現象の世界だけから見ていると、単に言葉の羅列に過ぎないものにしか見えないが、その言葉の並びによって、全体で一つのイメージをとらえ、互いの思いを伝え合いながら人間社会の営みが円滑になされている。それはまさに、人間の本能であるが、そこには、共通感覚という、現象の世界では直接とらえることのできないヒト種に特有な統合力の存在がある。それは、全体で一となる世界を創出する力であり、その力があるから、現象の世界でとらえられる様々な本能行動が生まれてくることになる。このように、本能が不可思議に思えるのは、生物の様々な行動様態が、現象の世界では直接とらえることのできない統合力に根ざしているからである。

心の深層を分析した精神科医であったユングは、人の心の底に全人類に共通なイメージを生み出す心の基盤があるとして、それを元型と名付けた。それは、まさに共通感覚と共鳴するものであるが、ユングは、そうした心の基盤が、様々な種にもあって、それが本能行動を生み出していて、人間としてもその例外ではないとして次のように語っている（5）。

われわれは今日次のような仮定から出発せざるをえない。すなわち人間はすべての動物と同様にあらかじめ形式をもっている種に特有な——さらに細かく観察すれば種族の前提条件であるいっそう明白な特徴を示す——心を必ずもっているという意味で、生物のうちの例外ではない、という仮定である。この原則からはずれるような特別な人間活動（機能）があると仮定すべき根拠は何一つ見当たらない。動物の本能行動を可能にしている素因ないし即応体制がどのようなものかについては、まったくつかむことができない。同じように、人間が人間的な方法で反応することを可能にしている、無意識的な心的な素因の即応体制を確認することも不可能である。それは私が「イメージ」と呼んでいる機能形式であるに違いない。イメージは実行されるべき活動の形式のみならず、活動を解き放つような典型的な状況をも同時に表現している。これらのイメージは、完全に種に固有のものであるという意味で「原イメージ」であり、それらがもともと「発生した」ものだとすると、その発生は少なくとも種の始まりと一致している。それは人間の人間らしいところ、人間活動の、人間という種に特有の形式である。この種に特有の性質はすでに胚の中に存在している。これが遺伝するのではなく一人ひとりに新たに発生するのだという仮定は、朝昇る太陽が前の日の夕方沈んだ太陽とは別のものだという幼稚な考えと同じくらいに馬鹿げたものであろう。

ユングが「原イメージ」と呼んでいるものこそ、種に特有の統合力によってもたらされるものである。そして、この統合力こそが本能の源泉であるから、本能が存在しているということが、逆に、生物の内に種に特有の統合力が秘められていることを物語っていることにもなる。それと、原イメージの発生は少なくとも種の始まりと一致しているというユングの見解は、種の誕生が統合力の誕生によってもたらされるとした本書の論と重なり合ってくる。

これまで述べてきたように、現象の世界に表出される森羅万象の営みの内には、秘められた統合力の存在がある。そして、新たな種の誕生は、新たな統合力の誕生に他ならない。その新たな統合力が既存の生物の細胞に働きかけ、その細胞の中で新たなゲノムを作り上げる。こうしてできた新たな細胞が細胞分裂して行く中で、新たな統合力はゲノムに働きかけ、それぞれの細胞に特有な機能を発揮させ、その結果として、その種を特徴づける形態を作り上げることになる。このように、新たな統合力の誕生が、新たな種としての形態を生み、種特有の本能行動をも生み出すことになるのである。

7　光にも心がある

この統合力と種に特有な形態や行動との係わりは、生物の世界だけではなく、光や電子といった、この宇宙の原初の姿である素粒子の世界をも貫いている。そのことこそが、後ほど再び述べるように、生命の進化が統合力の進化として、光のような素粒子からすでに始まっていることを

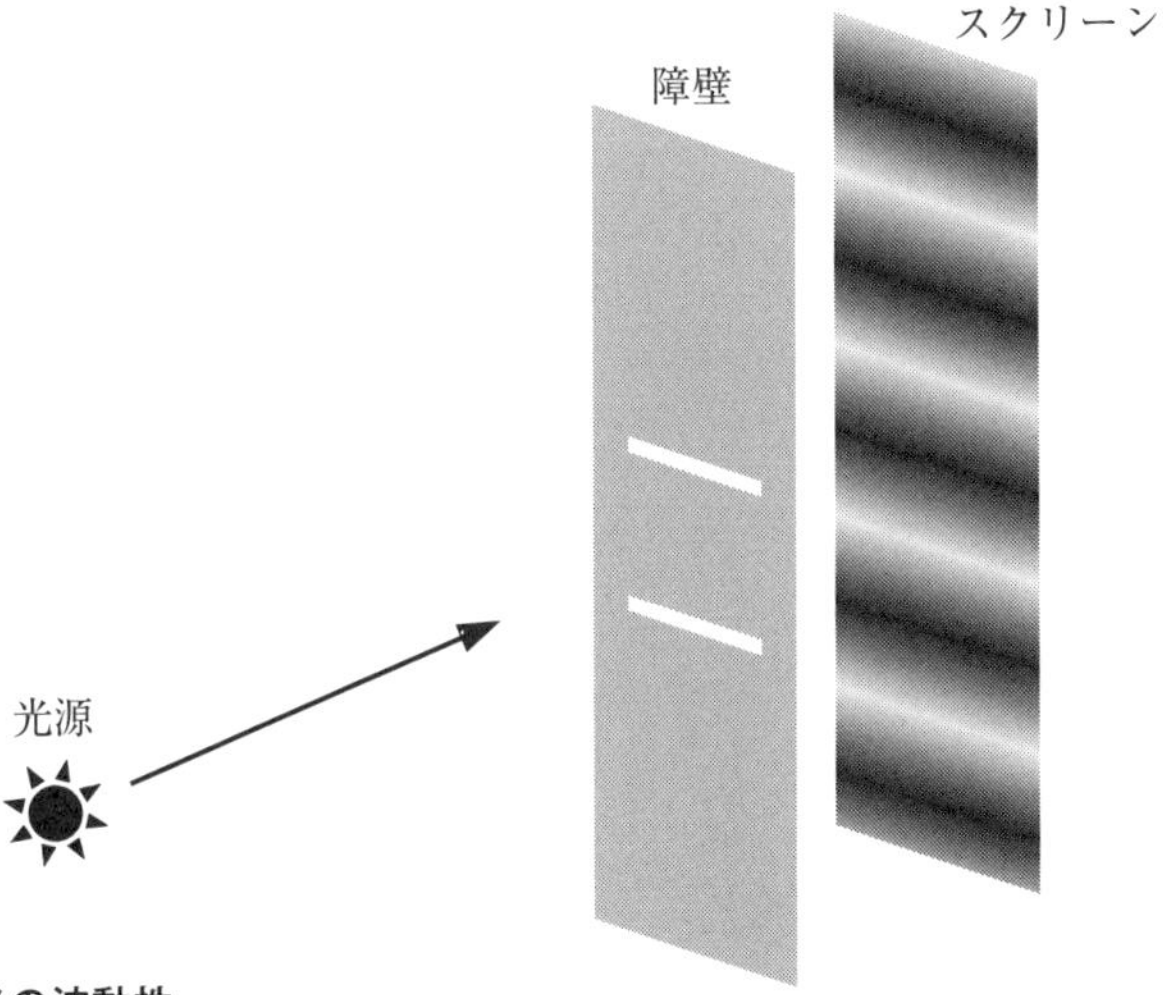

図６……光の波動性

障壁に開けられた二つのスリットを通った光は、
スクリーン上に干渉縞模様を描く。

物語っているのだが、それでは光や電子の一体何が統合力の世界と係わっているのか、以下に見てみることにしよう。

光や電子といった素粒子を扱う量子力学の世界では、光は粒子的な振る舞いをすると同時に、波としての振る舞いをするとして扱われている。時として、光は一つの粒子としての振る舞いを示すし、時として、波としての振る舞いを示す。そして、光が波として扱われる時には光波として表現されるし、光が粒子として扱われる時には光子として表現されている。この光の二重性に関しては、量子力学の世界では、不可解ながらも、それなりの説明によってその不可解さを乗り越えてきた。しかし、その不可解さは、科学者が光を生命体として見ずにモノとして見ているところから生まれてきているのだが、そのことにほとんどの科学者は気付いてはいない。光にも心があるし、光の営みにこそ生命の原点がある。ここでは、その光の生命としての営みを垣間見てみることにする。

光が波としての性質を示す端的な例を図6に示してある。二つのスリットの開けられた障壁に向かって当てられた光は、スリットを通り抜けてスクリーンに達する。図6に示されたスクリーン上の縞模様は、光源から出た光が二つのスリットを通り抜けた後、それぞれのスリットから出てくる二つの光が互いに干渉することによって生まれてくる干渉縞であり、この干渉縞が作られることが、光が波の性質を持っていることを物語っていることになる。

次に、図6に示した同じ実験装置を用い、光源から出る光の強さを限りなく小さいものにしていくと、光のエネルギーとして最も少ない、すなわち一つの光子が持つエネルギーまで絞り込むことができる。こうして作り出された一つ一つの光子を断続的に光源からスリットに向けて発すると、スリットを通った光子は、スクリーン上に一つ一つの光の点となって現れる。この一つ一つの光の点は、光の粒子としての存在を示していることになる。

ところが、光子を一つずつ発していくと、一つ一つの光子は、それぞれスクリーン上の異なった点に到達するが、一見ランダムに見える一つ一つの光子の到達した点を記憶しておくと、多数の光子の粒で作られるスクリーン上の輝点の軌跡は、障壁の左側からきた波が、二つのスリットを通って互いに干渉しあったことによって作り出される先ほどの干渉縞と同じ模様を浮かび上がらせてくる。すなわち、一つ一つの光子は、粒子としての存在を示している一方で、多数集まった光子の振る舞いは、波としての性質を示すことになる。

この光の粒子と波としての二重性は、光だけではなく、電子や中性子といった素粒子の一般的な性質となっていて、量子力学では、素粒子の波としての性質は、素粒子がある場所に存在する確率として説明されている。先ほどの図6の例で説明すると、左の光源から打ち出される一つの光子が、スリットを通った後、スクリーン上のどの位置に到達するかは、その光子がスクリーンに到達する前には特定することができず、確率として与えられることになる。その確率を与えるのが、波としての性質によって導かれる。先の例でいくと、多数の光子によって作られた干渉縞が、光子の到達する位置の確率分布を表わしていることになる。すなわち、干渉縞の中で明るいところは、それだけ光子の到達する確率が高く、暗いところは、それだけ到達する確率が低いことを示している。

このように、量子力学では、素粒子の示す波動性は、素粒子のある場所に存在する確率を表現しているとされている。この素粒子の振る舞いが確率的であるという理論に対して、アインシュタインは「神は宇宙相手にサイコロ遊びはしない」と、最後まで疑問符を投げかけていたが、量子力学の世界では、この確率的表現が正しいものとして受け入れられてきている。

素粒子の振る舞いが、確率として表現されているのは、素粒子自身が内的世界、すなわち意志をもっていることの現れであるが、その意志による個々の素粒子の振る舞いを外を見る目でとらえると確率的な存在として見えてくる。このことの詳細は、拙著『生命の進化と精神の進化』

（6）を参照されたいが、これは、先に見た人間行動を外からとらえたマーケティングと全く同じである。一人ひとりの行動を外から見ている限り、それぞれの行動を確定することはできないが、ある与えられた環境の中で——たとえばある物を買うといった消費に関する事柄について——一人ひとりの行動は確率的にとらえることができる。それは一人ひとりの内に、共通な人間としての統合力が秘められていて、個々人が、それぞれの環境と係わりながら、統合力に根差した意志によって行動しているからである。

それと同じように、一つ一つの素粒子の振る舞いは、個々の素粒子が二つのスリットという環境と係わりながら素粒子の持つ統合力の下で行われているから、一つ一つはスクリーン上の異なった地点にあたかもランダムに到達しているように見えても、それらの動きは、素粒子の抱く統合力によって統制されているため、全体としては、一つの統合された世界を作り上げることになり、それが干渉縞となって表現されてくるのである。

すなわち、一つ一つの光子によって作り上げられる干渉縞は、光子の内に秘められた光の統合力の表出であり、それは多数の細胞が集まって作り上げた成体の形態や、一つの種を構成する多数の個々体が寄り集まって作り上げる種社会と同じく、統合力の表出された姿である。

8　素粒子の内に秘められた統合力

光にも心がある。これは、私が光の研究を通して直感的に感じたことであるが、これまで見てきたように、光の波としての性質は、光にも内的世界があることの現れであった。それは、動物や人間の行動がそれぞれの内に抱いている統合力と係わって生まれてくるのと同じように、光の波としてのふるまいも、光の内に秘められた光に特有な統合力から生まれてきていることを物語っている。その統合力は、人間にあっては共通感覚となっているが、人間の共通感覚が、人間の置かれた環境との係わりによって、様々なコミュニケーションを生み出し、様々な道具を生み出し、様々な行動様態をとらせているのと同じように、光の統合力は、光と係わる環境によって様々な行動様態を引き起こす。

光が、その進路の途中に置かれた二つのスリットのある障壁を通過すると、その先に置かれたスクリーン上には波の干渉縞が現れるという先の現象は、光としての統合力が、個々の光子をそれぞれ微妙に異なる環境の中で、全体で一つになるよう行動せしめた結果であり、それは、人間個々人が様々な環境の中で、個々別々な行動をしながらも、全体として秩序ある人間社会を作り上げていることと全く同じことである。唯一無二の共通な統合力を基盤として、その上に一つ一つの光子の個性が演出される。ただ、その一つ一つの光子の個性も全て、光の統合力によって統制されていて、その統合力の中で自由に動き回ることが自由であり、個性である。その個性の集合が干渉縞という形になって表出されているのである。

量子力学の世界では、個の単純な集合が全体を生み出すという古典的な考え方はもはや成り立たず、素粒子が単純に集まっただけで大きなものが作られてくるという考え方が間違いであることが明らかにされてきている。すなわち、素粒子の一つ一つが、全体とは独立な存在ではなく、どこにあっても、環境と一体となった存在に包括されていると考えなくてはならなくなってきているということである。こうした結果は、まさに先に述べたように、素粒子そのものが、その素粒子を取り巻く環境も含めて全体として一つの世界を生み出すように、その素粒子の抱く統合力に統御されていることの表れである。そして、それはまた、共通感覚という目に見えない統合力を基盤にして行われている人間行動においても全く同じである。

先に述べた言葉と五感との係わりは、一つの環境、すなわち、言葉と五感との係わりをアンケート調査するといった状況との係わりで生まれてきた共通感覚の表出である。そこには、個性があり、一人ひとり皆微妙に異なった結果になる。それが個性の表出であり現象である。ところが、その個性の表出された結果を多くの人の結果と重ね合せると、そこには、民族としての一つのパターンが生まれてくる。そのパターンは明らかに他の民族のものとは異なっている。

これを先ほどの光のふるまいとの係わりで見てみると、言葉と五感との係わりに表出された一人ひとりの結果は、一つ一つの光子がスリットを通過した後、スクリーン上のどの位置に到達するか、それぞれの光子の個性に相当する。そして、言葉と五感との係わりの民族的特徴は、多数の光子によって作られる干渉縞に相当する。さらに、言葉と五感との係わりの民族差は、光においては、その光の色の異なり、すなわち波長の異なりに相当することになる。というのは、光の波長が異なれば、すなわち、光の色が異なれば、スクリーン上に現れる光の干渉縞も微妙に異なったものになってくるからである。

さて、これまで見てきたように、言葉と五感との係わりという具体的に目に見える現象として表出されたものの背後に共通感覚はあるが、それは、現象の世界に直接現れてはこないものであった。このことを光に当てはめてみると、光の内に、現象の世界には直接現れてはこないが、一つ一つの光子に個性を与え、現象の世界に波としての性質を表出させている光としての統合力が存在していることになる。すなわち、光の粒子としての性質も、波としての性質も、共に目に見える現象の世界でとらえられたものであり、その背後には、現象の世界に直接その姿を現すことのない光に固有な統合力が秘められているということである。

人間に言葉をつかわせ、道具を生み出させるという人間性を与えている根幹が、現象の世界に直接現れることのない統合力としての共通感覚にあるのと同じように、素粒子の世界においても、波としての性質を現象界に表出させているその根幹には、現象の世界ではとらえることのできない、それぞれの素粒子に特有な統合力が秘められているということである。

そして、これらのことは、個と種の係わりをより鮮明にしてくれる。先に述べたように、光の持つ波動性は、粒子としての光がたくさん集まることによってその姿を現してくるが、それは光子の内に秘められた光の種としての統合力の表出であった。すなわち、粒子としての光は個に対応し、その粒子がたくさん集まって形作る波としての性質は、種に対応することになる。そして、この基本的な関係、すなわち、多数の個が集まることによって、その個の内に秘められている統合力が表出されてくるというのは、生物の世界まで貫かれていて、一つの細胞が細胞分裂を繰りかえして一個の成体を作り上げていることも、それらの成体がたくさん集まって、種社会を作り上げているのも、その根源に統合力が存在しているからであり、それらは、その種に特有な統合力の表出された姿である。

以上のように、素粒子の世界でとらえられている粒子と波の二重性は、生物の世界でとらえられている個と種の係わりになっていて、統合力が、素粒子の世界にすでに存在していることをより確かなものにしてくれる。

第九章　統合力の進化

1　宇宙誕生と力の誕生

　これまで、多様な生物種の背後には、それぞれの種に特有な統合力の存在があることを見てきたが、それでは、その統合力と生物の進化との係わりは一体どのようになっているのだろうか？　そして、生命の進化、生物の進化が統合力の進化によるのだとしたら、それは、この宇宙誕生の時から人間誕生の時まで、すべてを一貫して貫いているはずである。とすると、統合力の原初的な姿は一体どのようなものだったのだろうか？

　先に述べたように、光の波としての性質は、この宇宙誕生の最初期に現れた光や電子といった素粒子が、すでにそれらの内に、それぞれの素粒子としての統合力を秘めていることの現れであった。それでは、こうした素粒子を素材として物質が作られ、この宇宙が作り上げられてきたのだが、そこに統合力はどのように関与してきたのだろうか？

物理学は、この宇宙がビッグバンによって誕生し、それによって重力が誕生し、クォークや電子といった原初粒子が誕生したこと、さらに、この宇宙創成の原初の世界において、重力を含む四つの力、すなわち重力、強い力、弱い力、電磁力が次々に誕生し、この宇宙を、そして生命体を形作る素材としての原子や分子を生み出してきたことを明らかにしてきた。

強い力は、クォーク同士を結びつけ、陽子や中性子を作り、さらにその陽子と中性子とを結びつけ、原子核を作り上げた。電磁力は、原子核と電子とを結びつけて原子や分子を作り、弱い力は、太陽のような恒星の中で核融合反応を発生させ、水素原子からヘリウム原子を、さらに生命活動に必要な酸素や炭素といった重い原子を作り出してきた。そして、そうした原子や分子が電磁力によって互いに結びつけられ、やがて、大きな塊になった物質が重力によって結びつけられ、銀河系や太陽系など、この宇宙が作られてきた。

物理学の世界では、この宇宙を作り上げてきたこれら四つの力が、一つの力として統一されつつある。その統一の流れを順にみていくと、電磁力と弱い力とが電弱力として統一され、電弱力と強い力とを統一する大統一理論が考えられ、さらにその大統一理論に重力を統合させた究極の力となる統一理論が模索されている(1)・(2)。

ただ、こうした力の統一理論に対して、大統一理論に重力を統合した究極の統一が本当にはたせるのか、ひょっとしたら力の統一そのものが不自然なのではないのか、といった疑問符が、専門家の間でも投げかけられてきている。こうした専門家の議論を耳にするとき、私には、古生物学の世界で起きている断続平衡の問題と同じような世界が、物理学の世界でも起きているのではないかと思えてくる。

というのは、先に述べたように、古生物の化石記録の多くが、何百万年、何千万年とほとんど形を変えることなく一つの種を維持していて、ある時、突然のごとく新たな種に置き換わるという断続平衡の現象が、もっぱら時空の支配する世界での因果と係わって議論されていて、そこでは、統合力の存在が無視されてきたが、それと同じように、力の統一に取り組む理論物理学者達も、そこに統合力の超えられない一線が秘められているにもかかわらず、見えない統合力の存在に気付くことなく、目に見える時空の世界の因果だけに則って、力の統一を考えようとしているのではないかと思えるからだ。

2 宇宙誕生に見る統合力の進化

断続平衡の現象に関しては、すでに述べたように、新たな種の誕生の背後に新たな統合力の誕生があった。それと同じように、この宇宙誕生のもっとも初期の段階、すなわち、宇宙物理学で考えられているビッグバンの時も、それは一つの統合力の誕生だったのではないだろうか。

実は、そのことを暗示するかのような難問に、宇宙の誕生を探求している宇宙物理学者たちは頭を悩ませ続けてきた。それは、この広大な宇宙が、あまりにも均質で、バランスのとれた存在であるということだ。この宇宙が、ビッグバンによって始まった時の放射エネルギーは、今でも宇宙の彼方から地球に届いていて、それはマイクロ波背景放射エネルギーと呼ばれているが、そのエネルギーは、あらゆる方向で、極めて高い精度で同じになっている。こうした均質さが生まれてくるためには、ビッグバンの起きたその時から、物質と放射が何らかの理由で、ほぼ完全に一様な状態で生成したとする以外にはないらしい。宇宙物理学者は、この問題を地平線問題として、長い間、その原因について模索してきた。

また、アインシュタインの重力理論によると、重力の存在は空間のゆがみとなって表れるため、ブラックホールや銀河というものの存在は、空間をゆがめ、宇宙空間は必ずしも平坦とは限らない。むしろ湾曲しているのがふつうである。それにもかかわらず、この宇宙は極めて高い確度で平坦になっているという。そして、その平坦さを保つためには、ビッグバン以降、宇宙の膨張速度と宇宙のエネルギー密度とが、完璧なまでにバランスをとり続けていなければいけないらしい。この問題は、平坦性問題と呼ばれ、なぜ宇宙はこのように、ビッグバンから一四〇億年も経った今でも、高い精度で平坦さを保ち続けていられるような状態で生まれたのか、宇宙物理学者たちは、先の地平線問題と同様に、五〇年近くもの間、これらの問題に関して頭を悩ませ続けてきた(1)。

しかし、これらの問題も、ビッグバンが起きた直後、従来考えられていたよりもはるかに高い膨張率で、この宇宙が膨張していたとするインフレーション理論の登場によって、理論的には解決されることになった(3)。ただ、こうした問題が、たとえ数式的に解決されたとしても、その現象を生み出している原因に関しては、数式は何も語ってはくれない。確かに、指数関数的に空間が膨張することで、地平線問題も、平坦性問題もそのメカニズムに関しては理解されはするであろう。でも、宇宙がそうした均質さ、平坦さをもつように、完璧なまでに微調整された状態で始まったその原因に関しては、数式は黙したままだ。私には、こうした科学が直面してきた問題こそ、その背後に統合力が存在していることの証のように思える。その統合力の存在によって、先に見た生物の動的平衡と同じように、この宇宙は絶えず変化しながら、全体で一つとなる均質で調和した世界を生み出し続けているのではないだろうか。

生命の営みを外から眺めると複雑であったり、あまりにも統制のとれたものであったりしているものも、内側から見ると、全体を一つに統合しようとする統合力の存在があるだけだ。それは、先に綱渡り師の譬えで述べたように、見える世界では綱渡り師のもつ竿は複雑に変化しているけれど、その変化を生み出し、綱渡り師を安定に綱の上に置き続けているのは、綱渡り師の内に秘められた全体を一つに調和させようとする統合力の存在だけだ。これと全く同じように、一見複雑に変化しているように見える宇宙全体を、均質でバランスのとれたものにしているものこそ、目に見えない統合力の存在であり、その統合力の働きが、目に見える現象界では、物理学がとらえる力として表出してきているのではないだろうか。

ただ、そうした統合力の誕生と物理的な力との係わりを考えて疑問に思うことは、統合力は全体を一つに統合しようとする力であり、そこには絶えず変化する環境の中で、全体を一つのバランスのとれた状態に保持し続けようとする創造的な力が秘められているはずである。ところが、その統合力が、現象の世界で、ただ物と物とを引き合わせる引力としての存在だけであるなら、そこからはブラックホールのようなものは生み出せたとしても、この均質で調和のとれた宇宙を作り出すことなどできなかったであろう。こうしたことを考えると、ビッグバンとしてとらえられている現象の背後で起きた統合力の誕生は、引力としての重力（引力的重力）と、引力とは反対の斥力としての重力（斥力的重力）とがバランスをとって存在する世界を生み出したのではないだろうか。

近年の宇宙物理学は、この宇宙が、今から一三七億年前、ビッグバンによって誕生したことを明らかにしてきているが、そのビッグバンの直後、偽りの真空と呼ばれる真空の世界で生まれた斥力によって、この宇宙は加速度的に膨張したとされている。ただ、その斥力は、極めて短い間だけ働き、その後は膨張する宇宙の中で引力的重力が支配的となり、その重力のもとでこの宇宙が形作られたとされてきた。ただ、全体を一つに統合させる統合力の世界から見ると、引力的重力と斥力的重力とは、二にして一なるものであり、宇宙は、この二つの力のバランスの中で形作られてきたし、今もこの二つの力によって形作られているはずである。

実は、その斥力的重力の存在を物語るかのように、今、宇宙物理学者に関心を向かわせている新たな問題が湧き上がってきている。それは、ダークエネルギーと呼ばれる目には見えないエネルギーの存在である。この宇宙が現在、膨張を続けていることが宇宙観測によって明らかにされてきているが、その膨張速度が、今、加速されている状態にあるという。そして、膨張速度が加速されるためには、ダークエネルギーが、引力的重力とは全く逆に、斥力的重力を生み出しているとしか考えられないらしい（4）。さらに、最近の研究では、ビッグバンの直後に生まれ、極めて短い間しか作用しなかったと考えられてきた斥力が、その後もずっと持続していて、現在の宇宙を膨張加速させる働きをしているのではないかとも考えられるようになってきている（4）。

この斥力的重力の存在は、宇宙が定常状態であると考えていたアインシュタインも確信していて、重力場の方程式の中に宇宙定数として導入していた。しかし、その後、この宇宙が膨張していることが明らかにされたことで、アインシュタイン自身、この斥力的重力の存在を式の中から消し去った経緯がある。そのアインシュタインが消し去ってしまった斥力的重力が、今再び重要な存在として浮かび上がってきているのである。このように、引力的重力と斥力的重力とは、二にして一なるものとして、宇宙誕生以来、この宇宙を根底で支えてきているのではないだろうか。

この引力的重力と斥力的重力との係わりは、易の思想の中心をなす陰と陽との係わりとも共鳴してくる。その陰・陽二元論によると、あらゆる事物は、必ず対になるものがあって、それらそれぞれが対立することによって、統一した世界が作られているとするが、この宇宙の誕生も、引力的重力と斥力的重力という二つの対立する力の誕生によって統一された世界が創り出されてきたのではないだろうか。そして、その陰と陽という現象界での営みの根底には、それらを統合する目に見えない太極としての「道」が存在しているのと同じように、引力的重力と斥力的重力という現象界で力として作用しているその根底には、全体を一つに統合する統合力が存在しているにちがいない。その統合力が時空を超越した世界にあって、全体を一つにまとめ上げているからこそ、この広大な宇宙が、極めて均質な状態に保たれ続けているのではないだろうか。

さて、この引力的重力と斥力的重力として現象界にその姿を現している統合力の誕生は、物理学の世界では、電子やクォークをもたらしたと考えられているが、統合力の観点からすると、一つの統合力は、一つのものを生み出しているということを基本に考えるなら、この最も初期の統合力は、クォークや電子といったすでにそれぞれが電気的な特性を持った異なる物質としてではなく、それらの物質の素となる物素とでも呼べるものを空なるエネルギーの世界から生み出したのではないだろうか。そして、その後、その物素を素材として生み出されるあらゆるものが、この基本的力としての引力的重力と斥力的重力とを受けることになったのではないだろうか。

物素が誕生した後、クォークや電子といった素粒子を誕生させる統合力が次々に誕生し、物素を素材にしていくつもの素粒子を誕生させたのであろう。先に述べたように、電子や光といった素粒子は、それぞれに特有な統合力を秘めているが、そのことが、それぞれの統合力の誕生によってそうした素粒子が生み出されてきたことを物語っているように思える。

さて、この宇宙が極めて統制のとれた均質で調和した世界になっていることは、先に述べた宇宙の地平線問題や平坦性問題からもうかがえるが、そうした調和した世界が作られているのは、原子の世界においても全く同じである。周期律表に並ぶ一〇〇個ほどの元素を形づくる安定した原子核の存在は、強い力と電磁力の比率が厳密にいまある値であることにかかっている。というのは、原子核を作る陽子の数は、重い元素になればなるほど多くなっていくが、同じプラスの電気を帯びた陽子同士は電磁的には反発し合うのに、陽子を構成するクォークのあいだに働く強い力がこの斥力に打ち勝って陽子をつなぎとめておくことができていて、原子は崩壊することなく安定に保たれているからである。だから、強い力と電磁力との値が、現在ある値から少しでもずれていたら、原子核は今ある形のようには作られなかったであろうし、原子もこの宇宙には存在しえなかったかもしれない。

すなわち、強い力と電磁力、さらには弱い力との調和のとれた力関係によって、原子核が作られ、さまざまな原子が作られてきたことになる。こうした極めて統制のとれたバランスの中で原子が生まれてきていることを考えると、科学が力としてとらえているものの背後に、全体を一つに統合しようとする統合力が存在していることをより確かなものにしてくれる。そして、原子を作り出すのに係わっている強い力、弱い力、電磁力は、一つの力としてまとめられつつあるが、それは、一つの統合力に根ざした力の三つの側面ということではないだろうか。

ただ、その一方で、こうした素粒子を内で支える統合力と、この宇宙を形作っている引力的重力と斥力的重力の側面を持つ統合力とは、本質的に異なる統合力であり、そこには一線が画されているように思える。というのは、引力的重力と斥力的重力という二つの側面を持つ統合力は、それによってこの宇宙全体を統合しているし、電磁力、弱い力、強い力と係わる統合力は、それによって原子や分子を生み出し、原子、分子の世界を統合していて、それぞれの統合力は、それぞれ異なった役割を持っているように思えるからだ。そして、これらの統合力のもとでくり広げられる現象界での法則を記述したものが、それぞれ、一般相対性理論であり、量子力学ということで、この両者の間には、本質的に乗り越えることのできない統合力の差に根ざした壁があるように思える。

3 時空を誕生させた統合力

以下に述べることは、少し寄り道になるかもしれないが、力の誕生と統合力の誕生との係わりを考える上で大切なことなので、少しばかり触れておくことにする。この宇宙を支配する力の中で、引力的重力と斥力的重力だけが三次元空間の中を貫いている。すなわち、重力だけがこの宇宙に遍満している力となっている。地球と月との係わりはもちろん、太陽系も、その太陽系の含まれる銀河系宇宙にしても、すべて重力によって支えられている。この宇宙全体を重力だけが貫いている。それは一体何を意味しているのだろうか。

強い力も弱い力も原子核の中に閉じ込められているし、電磁力は、主として原子の中に閉じ込められている。もちろん電磁力は光として伝わることはできるし、地球磁場は宇宙のはてまで広がってはいるけれど、その力が、この宇宙を作り上げているわけではない。すなわち、重力だけが宇宙空間全体と係わりを持っているということになる。それ以外の力は、空間の中に分散した形で存在しているように見える。こうした統合力の空間でのふるまいは、種の統合力においても同じで、それぞれの種に特有な統合力は、種を形成する個々体の内に限られていた。ヒト種の統合力としての共通感覚も、個々人の肉体の内に限られていた。でも、こうした生物と係わった統合力も空間においては限られているように見えても、時空を超越した世界にあっては、一つの統合力の誕生が、空間の壁を超えて作用してきた。

こうしたことを考えると、時空というのは、重力を生み出した最も基本的な統合力の誕生とともに生まれてきたのではないかと思えてくる。アインシュタインの一般相対性理論によると、重力と時空間とは二にして一なるものとされるが、その理論を生み出す背後には統合力の存在がある。その統合力の誕生によって、時空の世界が生み出され、その時空の世界に電子やクォークといった物質の素材が生み出され、その結果として、物質や肉体というものが、四次元の世界に限定されたものになったのではないだろうか。

すなわち、統合力が存在している世界は、元々時間も空間もない世界であるのに、重力を生み出し、素粒子の源である物素を生み出した統合力の誕生によって、現象の世界には時空が生み出され、それ以降、統合力の進化によって生み出されてくる様々なものが、この時空の世界に束縛された形で表出してきているということである。

今、物理学の世界で新たな潮流が生まれてきている。それは、なぜ重力だけが他の力に比べてそんなにも弱いのか？　重力を含めた四つの力の統一は可能なのだろうか？　さらには、ビッグバンによってこの宇宙は誕生したとするそのバンを引き起こしたものは一体何だったのだろうか？　といった根源的な問題を解き明かすための新たな理論の芽生えである。その理論から生まれてきているのが、四次元以上の多次元の世界である(2)。その理論の一つであるひも理論によると、この宇宙は一〇次元、あるいは一一次元で成り立っているといわれているし、余剰次元の理論では、五次元の世界が考えられている(5)。いずれにしても、究極の物理学が直面している世界が、時間と空間とに係わる問題であり、ひょっとしたら、われわれの見ている世界は、真なる宇宙の一側面なのではないかと真剣に考えられてきている(6)。

こうした理論に真剣に取り組んでいる科学者たちは、時空を超越した世界が存在しているのかもしれないとは考えず、多次元の世界として、あくまでも従来の科学的視座からものを考え続けている。でも、それは、古生物学者たちが断続平衡の現象を統合力の存在に気付かずに、漸次的進化の枠の中で考えようとしていることと同じように、統合力の存在に気付かず、生命の真理からはかけ離れた理論を作り上げてしまうことにならないだろうか。

ま、そのことはともかくとして、話をもとにもどそう。これまで見てきたように、科学がとらえた力は、内的世界、すなわち時空を超越した世界に存在する統合力の現象界に表出された姿であり、科学のとらえた力の誕生こそ、まさに統合力の誕生だったにちがいない。そして、そうした統合力の誕生によって原子核が作られ、原子や分子が誕生し、物質が生まれ、宇宙が形作られてきたが、それらは、生命進化の原初における統合力の進化の様態そのものを現しているように思える。それでは、こうした物理的な力や物質と係わる統合力が誕生し、この宇宙が形作られてきた以降、カンブリア紀の爆発による様々な門の誕生まで、統合力はどのように進化してきたのだろうか？

4　統合力の進化と生命の進化

原子、分子が誕生した後、生命体の誕生と係わって、まず第一に考えなくてはならないのは、生命体に欠くことのできない遺伝子の基盤となるＤＮＡが、一体どのようにして誕生してきたのかということであろう。ＤＮＡが、単に化学的な偶然の結びつきで生まれてきたのか、それとも、そこには、まだ化学では明らかにされていない力が作用していたのか。

分子生物学者の多くは、ＤＮＡが最初から単独に直接生まれてきたのではないと考えている。というのは、ＤＮＡ自体が不活性であるため、その誕生には触媒としてのタンパク質がどうしても必要になるが、そのタンパク質の形成にはＤＮＡが不可欠であるということで、この両者の間には、鶏が先か、卵が先かの問題が常に横たわっていたからだ。ところが、ＲＮＡが活性であり、それは実験室でも化学的に生み出すことが確認されてからは、ＲＮＡがまず作られ、その後ＤＮ

Aへと変化し、そしてタンパク質が作られたというRNAワールドが語られるようになってきた。しかし、そのRNAの誕生にしても、まだ多くの謎に包まれたままだし、そうしたRNAにしても、DNAにしても、それらが保持されていくためには、どうしても細胞膜の存在なくしては成り立たないのだが、その細胞膜自体の形成に関しても、化学的な因果によってはなかなか解き難い問題になっている。

また、一番初期の細胞である原核細胞にしても、その細胞の中にはDNAをはじめとして、リボソーム、プラスミドなど様々な構成物質が全体で一つのネットワークを作り上げていて、そのどの部分にアンバランスが生じても、細胞の生命を維持することができなくなってしまう。こうしたもっとも単純な生命体の始まりにしても、そこには複雑に絡み合うネットワークが働いていて、それがどのようにして最初作られたのかは、これまでの化学的アプローチでは、深い謎に包まれたままなのだ。

こうした複雑なネットワークが生まれてくるためには、部分を統合して、全体で一つの機能を生み出す統合力の存在が不可欠であろう。まずは、初期の細胞膜を形作る統合力が生まれ、それによって細胞膜が誕生し、その中でDNAを生み出す統合力が生まれ、そこで、様々な遺伝子が生み出され、最初期の生物のゲノムが構成されてきたのではないだろうか。ただ、科学者の多くは、こうした難問も、還元論的に導き出そうと、様々な理論を考え出してきているが、それは、古生物の世界で見たように、断続平衡の問題を、時空の因果の中で考えようとしていることと同じことのように思える。

それはともかくとして、最初期の細胞を形づくる統合力が誕生し、DNAを形づくる統合力が誕生し、そうしたDNAを素材として様々な遺伝子が作られた後、新たな統合力の誕生によって、細胞内では、ゲノムが生み出され、新たな生命体が誕生することになったのではないだろうか。

ただ、その最初期の細胞である原核細胞は、細菌を形作っている細胞であって、現在この地球上に棲む何百万種とも、何千万種ともいわれる多様な生命体の基盤となっている真核細胞との間には、謎とも思えるほどの大きな溝があるらしい。

生命の誕生には、進化の上でいくつかの革命があったとして、それらを『生命の跳躍』と題する著書にまとめたニック・レーンは、その中で、真核細胞の誕生に関して次のように述べている（7）。


最大の謎は、複雑な生命の誕生が、地球の生命史全体を通じて一度しかなかった理由だ。すべての動植物は間違いなく親戚関係にある。つまり、われわれは皆同じ祖先をもつのである。複雑な生命は、何度も別々に細菌から生まれたのではない。植物はある種の細菌から、動物は別の細菌から、真菌類や藻類はまた別の細菌から、といったように生まれたのではないのだ。むしろ、複雑な細胞はただ一度だけ細菌から生まれ、この細胞の子孫が、植物、動物、真菌類、藻類といった複雑な生命からなる壮大な生物界全体を築いていった。それでいて、すべての複雑な生命の祖先となった最初の複雑な細胞は、細菌とは大きく違う。

ニック・レーンが述べているように、最初の複雑な細胞としての真核細胞の誕生は、それまでに存在していた原核細胞からなる細菌からの直線的な進化として考えている限り、深い謎に包まれたままなのだ。この謎の解明に多くの生物学者は挑戦してきた。その中で、始めは生物学の世界で批判を受けながらも、次第に生物学者の間でその正当性が認められてきた学説に、生物学者リン・マーグリスの共生説がある[8]。それは、真核細胞は、一つの原核細胞が、もう一つのもっと小さい原核細胞を飲み込んで、それが核となって発生したのではないかという考えである。その説は、真核細胞の中にあるミトコンドリアや葉緑素である色素体が、原核細胞由来であることが明らかにされるにしたがって、より確かなものと考えられるようになってきている。

元々存在していた原核細胞のいくつかが、互いに共生することで新たな真核細胞が生まれてきたというこの学説は、まさに、これまで見てきた、新たな統合力の誕生が、既存のものを素材として、新たな生命体を生み出すという生命進化そのものである。すなわち、統合力による既存のものの統合というのが、現象の世界から見ると共生となって見えてくるのである。この真核細胞の誕生という一度だけ起きたであろう大変革こそ、新たな統合力の誕生によってもたらされたものだったのではないだろうか。真核細胞の統合力が誕生したことによって、多細胞生物の基盤が形作られ、やがて、分類学が分類している門、綱、目、科、属、種といった生命体の基盤となる統合力が次々に誕生し、様々な生物が生まれてきたのであろう。

そして、こうした門、綱、目、科、属、種といったそれぞれの世界は、上位の統合力のもとで全体として一つに統合されているから、たとえば門の統合力が誕生した後は、その門の統合力に支配された中で、次の綱の統合力が誕生してくることになる。だから、綱は門の基本的な構造を乗り越えられないことになる。こうして、生物の進化は、門から綱へ、綱から目へと、その可塑性を狭めながら移っていくことになる。カンブリア紀には現生するほとんどの門が一斉に誕生しているが、これは上で述べたように生物の進化が統合力の進化によって行われていることの重要な証拠でもある。

こうした統合力の進化形態は、円を全体を一つに統合する統合力のシンボルと考えるなら、図7に示したように、一つの円に内接する複数の内接円としてイメージできる。ある属に内包される種の統合力は、他の種の統合力とともに、上位の属の統合力の中で統合されていて、それは、属という一つの円の中に内接する複数の種としての内接円としてイメージすることができる。さらに複数の属としての円が、上位の科の円の中に内接していて、最終的には、そうした円が、門としての円の中に内接していくことになる。このように入れ子的な統合力の存在によって、内部にある統合力は、必然的に上位の統合力によって統合されているために、ある種に属する個体が、その個体を取り巻く環境の中で、その種に与えられた統合力によって創造的に生きていくことで、それは、生物世界全体と必然的に調和した世界を生み出すことになる。

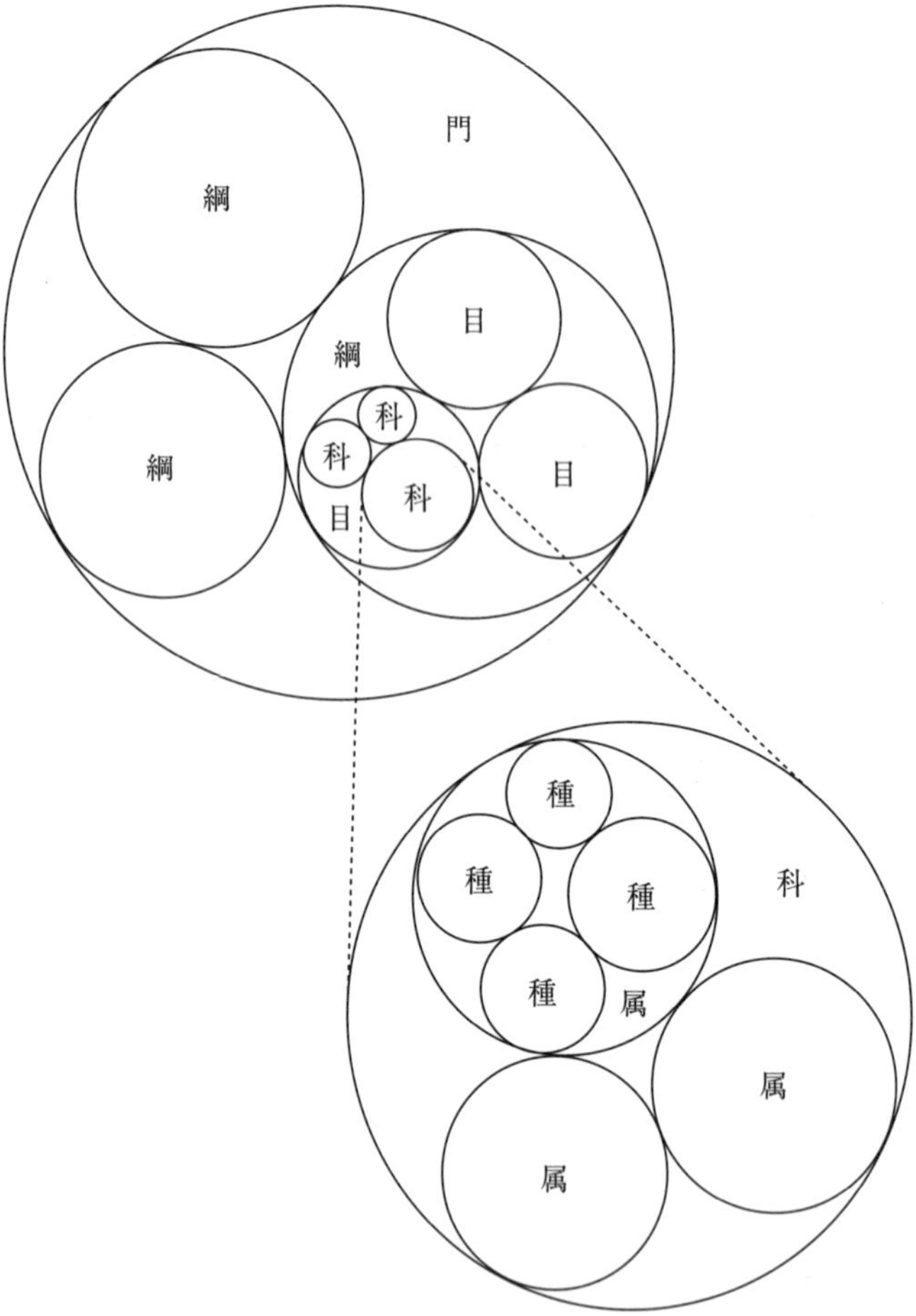

図 7……統合力の進化形態

種間での円の大きさの異なりは、統合力の異なりを表すと同時に種の異なりを表している。

このように、進化が上位の統合力から下位の統合力へとなされているから、もし、何らかの原因で、この中の一つの科なり目なりが絶滅したような時には、その絶滅した科や目を補い、上位の統合力のもとで全体として一つに統合されるような科や目が新たに誕生してくることになる。これは、現実の生物世界で起きていたことで、ダーウィンの進化論では説明のつかない一つの謎でもあった(9)。というのは、ダーウィンの進化論では、もし科なり目なりが絶滅したら、既存の種が元になって新たな種が生まれ、それらが多様に進化することで属や科、そして目を生み出してくるはずなのだが、実際にはそうなっていなくて、いきなり絶滅した科や目を補うかのように、全く新しい科や目が誕生してきているからである。

また、ダーウィンの進化論では、種がまず先に誕生し、その種が多様化していくことで、属や科、さらには目や綱へと拡大していくことになるのだが、化石記録が物語っているのはそれとはまったく逆に、まず門が誕生し、その後、綱が誕生し、次に目が続き、最後に種が誕生してきている。この化石記録が物語る生物進化の流れは、最初に大きな枠組みとしての統合力が生まれ、その統合力のもとで、また次の統合力が生まれてくるというまさに統合力の進化形態そのものである。こうした統合力の存在によって、ある門に属する綱の統合力は、必然的にその門の統合力のもとで統合されてくるため、その門のボディプランの枠の中で多様化していくことになる。こうして、生物の進化は、上位の統合力の支配のもとで多様化していくことになり、そのボディプランの可塑性は、門から綱へ、綱から目へと向かうにしたがって狭められていくことになる。

5 統合力とイメージ

統合力の誕生が突然であり、その統合力の存在が様々な生物の形態を作り上げるということが、にわかには信じがたいことのように思えるかもしれないが、我々人間の創造的な営みを考えてみると、これらの一連の進化の流れが、現実のものであるとして理解できるのではないだろうか。

人間の創造性は、ある時は自然の営みにヒントを得、ある時は、必要性から、様々なものを創りだしてきた。何かのきっかけで車輪を作り出し、ボールベアリングを作り出し、蒸気機関を生み出し、こうしたものを基にして、車や汽車を作りだしてきた。車輪、エンジン、ボールベアリング、ギア、ブレーキなどなど、多種多様な部品が生み出されてくると、そうした部品を基にして、新たな車、新たな機械、新たな道具が次々に生み出されることになった。そして、新たなイメージが生まれてくると、そのイメージを基にして、既存の部品を組み合せて、新たなものを生み出すというのが、人間の創造活動である。

飛行機の発明にしても、新たな飛行機としてのイメージが、既存の部品をベースにして、飛行機を組み立てることになった。飛行機には、小さなネジ一つから、エンジン、車輪、さらには様々な電子部品といったものまで、車の部品と重なるものが多いけれど、決して車を少しずつ改良して飛行機が生まれてきたわけではない。車とは全く異なる飛行機のイメージが創出されて、初めて飛行機は生み出されてきた。そして、どんなに複雑な機械であったとしても、その機械を誕生させる基盤となるイメージを基にして、単純な機械で用いられている部品と同じものが多く使われ、作り出されてくることになる。

これらの発明の一連の流れの中で、まず始めに、新たな機械のイメージが、既存の部品を組み合わせることによって、そのイメージに合った機械を生み出してきている。もちろん、新しい機械だけに必要な部品もあり、その部品は新たに作らなければならないけれど、既存の部品を使うというのは、全ての発明品に共通に係わってくるであろう。そして、たとえ同じ部品が多く用いられていたとしても、生み出されてくる機械はイメージの異なりによって、単純なものから複雑なものまで、様々なものになってくる。

先に述べた統合力の進化による新たな生物の誕生は、上で述べた人間の創造の営みと基本的には同じことをしているのではないだろうか。いや、逆に自然の営みがそうであるから、人間の創造の営みがそうなっているといった方が正しいのかもしれない。いずれにしても、上で述べた人間の営みと同じように、ＤＮＡを基本要素にして作り上げられた様々な遺伝子は、ゲノムを形づくる部品としての働きをしていて、その部品としての遺伝子を用いて、ゲノムを作り出しているのが、イメージならぬ統合力の存在である。

ただ、人間の創造的営みを自然の営みに置き換えようとすると、多くの人は、自然が人間のような創造活動をしているであろうかと、疑いの目を向けるであろう。でも、その人間の行っている創造的営みを少し深く掘り下げて考えてみるならば、そこには、理屈では解明できない、突然の閃きと、その閃きが全体で一なるイメージとして現れてきていることがわかるであろう。人間は、そのイメージを概念世界に描き出し、それを意識と結びつけることができるから、道具や機械を生み出すことができるのであって、イメージそのものの創出に関しては、自然の内に秘められた創造性に任せるしかない。すなわち、そうしたイメージの創出は、人間の意志の関与できない世界にあるということだ。そして、人間に創造的営みができるということ自体が、この宇宙の根源に、創造性を生み出す基盤が秘められていることの証しでもある。

それと、人間の創造性は、なにも物作りだけに限られたものではなく、日常の行動の中にも創造的行為があふれている。歩くことひとつをとっても、我々は歩くことをほとんど意識していないが、平坦な道を歩く時も、階段を登る時も、たえず環境を含めて全体で一なるイメージを創出していて、そのイメージをたよりに歩いている。だから、イメージと異なった世界に遭遇すると、階段を踏み外してしまったり、転んでしまったりする。これは、人間だけに限られたものではない。すべての生物の行動は、環境全てと係わった中で、全体を一とするイメージによってなされている。そして、そのイメージの創出は、森羅万象の内に秘められた統合力に負っているのである。

それと、自然の行っている創造の営みは、案外と人間の行っている創造の営みよりシンプルなのではないだろうか。というのは、人間の作り出す部品一つ一つの内には、その部品に特有な統合力を込めることができないから、それだけでは自律して動くことはできないのに対して、自然の生み出すものは全て、原子、分子といったものから、DNA、細胞といったものまで、それぞれに特有な統合力を内に抱いているため、自律的に動くことができるからである。だから、人間の作り上げるものは、人間自身がイメージしたものをもとにして、部品を一つ一つ人間自らが一から組み立てていかなければならないのに対して、自然の生み出すものは、ある統合力が新たに誕生すると、その統合力のもとで、部品としての素材が自律的に新たなものを作り上げることになるのである。

それは、オーケストラを構成する奏者一人ひとりが、それぞれの楽器演奏に関してはすでに専門の技量をもっているため、指揮者が代わることだけで、オーケストラとしての新たな演奏が自然に生まれてくるようなものである。だから、DNAの規則性や、ゲノムの複雑さといったものも、DNAの統合力や種の統合力の誕生によって、その統合力のもとで、既存の素材を用いて自律的に形作られてきたのである。こうした生命体の自律的な営みは、現象の世界では自己組織化や自己複製能力としてとらえられているが、生命体のふるまいの中に、そうした自己組織化や自己複製能力が見られるのは、それぞれの内を統合力が貫いているからである。

そして、以下のことは極めて重要なことであるが、そのように新たな統合力が、統合力を内に秘めた素材を全体で一つのものに自律的に統合させているから、そして、そうした統合力は生命体の意思と直接係わるものであるから、先に見たように、一つの意思によって、体中のすべての細胞が一斉にその思いを実行させるように調和的に動くことができるのである。

6　分子生物学から見えてきた統合力の進化の痕跡

分子生物学者たちによって、人間のゲノムが解読されてきていて、その結果として、人間のゲノムにある遺伝子の多くが、下等な生物のゲノムの遺伝子と同じものであることが明らかにされてきているが、こうした結果を分子生物学者たちは、下等な生命体から変異と自然淘汰によって、漸次的に高等な生物へと進化してきているというダーウィンの考えを正当化するものだとしている。また、ＤＮＡが四つの基本塩基から成り立っていて、その四つの内の三つの組み合わせによって二〇種類のアミノ酸がコード化されているが、その遺伝コードは、バクテリアから人間にいたるまで普遍的である。このことも、ダーウィンの進化論を正当化する理由だとしている。

しかし、これまで見てきたように、統合力の進化を基本にして考えると、上で述べた下等生物と高等生物との間での遺伝子の類似性や、アミノ酸のコード化の普遍性というものが、ダーウィンの進化論を証明するものではなく、統合力による生命進化を証明しているものであることがわかるであろう。要するに、アミノ酸のコード化や遺伝子といったものは、生命進化の初期の段階で形成され、それらは、あたかも生命体を形作る部品のような存在になったのである。こうした部品としての遺伝子は、統合力のもとでゲノムを形成し、統合力の進化に伴って、下等な生命体から高等な生命体までを作り上げてきたのである。

近年、発生に関与する遺伝子を種間で比較する研究が、発生学と進化生物学の境界領域の新分野となり、エボデボとよばれる研究が活発化してきていることは先に述べたが、その研究からも、これまで述べてきたことと同じようなことが次々に発見されてきている。たとえば、複雑な構造を持つ大型動物の体を構築するために必要な遺伝子のすべては、カンブリア紀の爆発でそれらが出現するよりもはるか以前にすでに用意されていたという(10)。このことも、生命の進化が統合力の進化によってもたらされてきているものであり、多様な生物の誕生以前に、基本となる遺伝子の多くがすでに出来上がっていたことの証拠でもある。

また、エボデボの研究からは、一つのゲノムの中で、同じ一つの遺伝子が、たとえば心臓と目と指というように、異なる場所で何度も使われていること、さらに、一つの機能を生み出すのに、複数の遺伝子が用いられていることなどが明らかにされてきている(10)が、こうした遺伝子の多様な活動や組織的活動がなされながら一個の生命体が誕生してくる陰には、全体を一つとして統制している統合力の存在なくしては不可能なことである。

このように、全ての生命体の根幹には、統合力が秘められていて、生物の進化が統合力の進化によってもたらされるという一連の流れは、光の波としての特性や力の進化に見たように、ビッグバン以降のこの宇宙の成り立ちから共通感覚の誕生による人間誕生まで一貫して貫かれている。それはまさに生命進化の営みが、統合力の進化に根差しているという極めてシンプルな生命の営みに帰結することになる。

7　生物の階層を生み出す統合力

先に述べたように、この宇宙は、物理学が明らかにしてきたように、基本となる力によって成り立っている。しかし、それは、この宇宙の内にある全体を一つに統合しようとする統合力を現象界でとらえたものである。まだ進化が、力学的な世界に限定されている時には、統合力は物理学が明らかにしてきた極めてシンプルな力としてとらえられているが、統合力が進化するにしたがって、全体を一つに統合しようとする統合力の働きはより複雑化してくる。複雑化というよりも、質の異なる統合力になってくる。それは、最も進化した人間の共通感覚を見てみると理解しやすいであろう。その統合力は、概念の世界を統合し、人間をして、言葉によるコミュニケーションを可能ならしめたり、道具を作らしめたりする基盤になっていて、物理学の世界での統合力とは質が大きく異なっている。

上位と下位の統合力の係わりは先に内接する円によって説明したが、そうした統合力の進化の様態は、高層ビルに譬えることができる。土台となっている大地が統合力の源、すなわち全体を一とする統合力を生み出す創造の源であり、第六章で述べた「道」として表現されているものである。その上にビルが建つが、一階は、ビッグバンによってもたらされた重力と係わる統合力の世界。そこでは、まだ物質としての特別な性質を帯びていない物素が作られている。二階は素粒子を作り上げるいくつかのフロアーに分かれていて、そこでは電子やクォークといった素粒子が個々異なる統合力のもとで作られている。三階は強い力、弱い力、そして電磁力と係わった統合力の世界であり、そこでは、すでに誕生しているクォークを素材として陽子や中性子、そして、原子核が作られ、さらに、原子核と電子とを素材として原子や分子が作られてきた。四階は最も初期の細胞を生み出す統合力の世界。五階は、その細胞の中にＤＮＡを生み出す統合力の世界であり、既存の原子や分子を用いてＤＮＡを作り出している。六階にはいくつもの異なるフロアーがあり、それぞれのフロアーでは、五階で出来上がったＤＮＡを素材にして、様々な遺伝子が作られている。七階は多細胞生物の基盤となる真核細胞を生み出す統合力の世界、八階はまたいくつか異なるフロアーに分かれていて、植物界、動物界をそれぞれ生み出す統合力の世界、九階も、いくつか異なるフロアーに分かれていて、カンブリア紀の生物を生み出した門を形作る統合力の世界、そして、その門の世界から上の各階は、またいくつか分かれたフロアーをもちながら、新たな綱や目を生み出す統合力の世界がある。すなわち、各階は、質の異なる統合力の世界であり、新たな統合力は、まさに断続平衡が物語るように、段階的に生まれてくる。そして、新たな統合力は、上位の統合力（低い階の統合力）によって作り上げられたものを素材にして、新たな生命体を作り上げてきたのである。

各フロアーでは、同じ統合力の下で、種なら種に属する個体が生まれ、それらの個々体には同じフロアーの中で、まさにダーウィンが見いだした変異と自然淘汰によって様々な変化が生まれてくる。ただ、この変化は、環境の変化の中で、同じフロアーの中を移動しているだけであり、個々体は変化しても、種そのものは変化してはいない。これに対して、新たな種の誕生は、新たな統合力の誕生によっていて、それは、異なった階への進化であり、同種内での変異とは一線が画されている。

以上のように、この宇宙に展開している様々な現象の背後には、多様なフロアーが存在しているのであるが、我々の外を見る目にはフロアーそのものは見えないから、実際には別々のフロアーで演じられている様々な物理現象や生物の営みを、目に見える宇宙や地球という一つの舞台の上で演じられているものとしてとらえてしまうのである。

にもかかわらず、これまでの科学が作り上げてきたさまざまな理論に本質的な間違いがなかったのは、そうした理論が結果として、一つのフロアー内だけで起きている現象についてのものであったからだ。ニュートン力学や一般相対性理論は、重力場としてのフロアーでの法則を記述したものだし、量子力学は、電磁場としてのフロアーでの原子や素粒子の振る舞いを記述したもの、そして、DNAの記号性は、DNAを形作るフロアーで見出したものである。生物学で言われてきた「自然は飛躍しない」という言葉が意味を持つのは、同じフロアー内での出来事に対してである。そして、科学的アプローチによって分析できるのは、一つの統合力のもとでの現象、すなわち、個々のフロアーにおける事物の振る舞いに限られている。

蟻なら蟻、蜂なら蜂という一つの種としてのフロアーの中で展開されている生物の現象に対しては、科学する目は有効だし、そこに、ある法則を見つけ出すこともできる。ダーウィンが飼育栽培によって見出したいくつかの生物の特性も、一つのフロアーの中での現象を分析した結果であるから問題はない。でも、フロアーを超えた現象に対しては、もはや科学する目では真理をとらえることはできない。というのは、科学する目には、フロアーの異なりも、その誕生についての営みも見えてはこないからである。

第二章で、ダーウィンの進化論が二つの事象AとBとから成り立っていることを述べた。事象Aは、個体には時として変異が起こり、その変異の中で、その種の生存にとって有利な変異は保存され、不利な変異は捨てられていくというものであり、それは、各フロアー内で起きている現象である。すなわち、それぞれの一つのフロアーの中だけで起きている現象をとらえたものが事象Aということになる。これに対して、事象Bは、その有利な変異が漸次的に蓄積され、やがて新たな種へと変化していくという推論であり、それは、あるフロアー内での生物の変化が、いつしか異なるフロアーの生物に変化してしまうと考えてしまったことになる。

以上のことによって、ダーウィンのおかした過ちがなんであったのかが見えてくるであろう。ダーウィンのおかした過ちは、フロアーを縦に貫く生命進化の問題を、フロアーのない一つの世界の出来事としてとらえてしまい、個々のフロアーで起きている現象を一つの世界のこととして直線的に推論してしまったことである。そのことによって、ダーウィン自身が指摘した自身の進化の学説に対する難点を、自ら抱え込むことになってしまったのである。異種間の不稔の問題、種に特有な本能の問題、漸次的進化の痕跡が化石記録に残されていないといったダーウィンの抱いた難点が、目に見えないフロアーの存在、すなわち統合力の異なりからきていることが今や明らかであろう。

8　自然淘汰は何も新しいものを生み出してはいない

変異と自然淘汰による新たな種の誕生というダーウィンの学説は、内的世界にある統合力の存在を無視したことから生まれてきた誤謬であることを見てきたが、現代社会においては、その誤謬に気付くことなく、自然淘汰が、様々な分野で直面している難題を解決する論理基盤として使われるようになってきた。本章を終わるに当たり、現代科学と深い係わりとなっている自然淘汰について、統合力との係わりで論じておくことにする。

現代の分子生物学の世界においては、どのようにしてRNAやDNAが誕生してきたのか、さらに、そうしたものによって遺伝情報がどのようにして形作られ、そして、どのようにして細胞ができあがってきたのかは、まだ多くの謎に包まれたままである。科学者は、そうした謎を、これまでに得られてきている科学的事実をもとに、いくつかの仮説を立てて乗り越えようとしてきた。そして、そうした仮説が最後によりどころとするのが、自然淘汰である。

ＤＮＡがなぜそのような分子構造になったのか、実験室レベルでは説明することができないのだが、それを単純なものが自己組織的に集まる中で、自然淘汰によって現在あるような形のものが選択されてきたとか、ＤＮＡがＡ、Ｔ、Ｇ、Ｃという四つの遺伝記号をもつことも、自然淘汰によって四つのものに絞られてきたためであると説明している。何か科学的には説明しがたいものに出会うと、必ずといっていいほど自然淘汰というのが、まるで神を持ち出すようにつかわれているのである。難しい問題に直面しても、科学者は、論理的に理解できる説明をしなくてはならないという責務を抱いているようで、神を持ち出す代わりに自然淘汰を持ち出して、それですべてが解決されたものとしてしまっているのである。これは、ダーウィンの進化論を最も信奉し、『神は妄想である』を著作した生物学者ドーキンスが、創造論者に対抗するときに、最も有力な武器として使っていて、次のように述べている(11)。

進化を推し進める力が複雑化の方向を目指すのは、そもそもそういう事態が生じる系列においては、複雑さの増大を目指す何らかの内在的性向がそうさせるのではなく、また偏った突然変異が要因でもない。それは自然淘汰がそうさせているのである。自然淘汰こそ、私の知る限りでは、最終的に単純さから複雑さを生み出すことができる唯一の過程である。

ランダムな変異の積み重ねに秩序をもたらしているものこそが自然淘汰であるとし、その自然の働きこそが、あらゆる種を生み出したものであり、その複雑さを生み出す根源に超自然的なもの（神）なぞ存在しないとしている。ただ、これまで述べてきた統合力の存在を改めて考えの基盤において見てみると、この自然淘汰の問題が、ダーウィンやドーキンスの考えるようなものではないことが分かってくる。

ダーウィンは、種の起原を考える上で、まずは飼育栽培による種の変化（これを以降人為選択と呼ぶことにする）を考えた。ハトの人為選択として、ハトの翅の模様に美しいまだら模様が変異として生まれた時、人はそのまだら模様をさらに美しいものにするために人為選択を施す。こうして、選ばれたハトは、次第に美しいまだら模様を生み出すことになる。このように人為選択によって、ハトに生まれた変異は助長され、その変化は強調されたものになっていく。

ダーウィンは、この人為選択と同じことを自然はやっているのではないかと考えた。すなわち、ある生物個体に生じた変異が、それが生きる上にとって有利に働く変異であるならば、それは、その生物種の中に有利な遺伝形質として残されることになる。こうして、突然生まれた変異は、その種にとって生きていくうえで有利となるものは保持され、有害な変異は棄てられていく。それを自然淘汰と考えた。そして、こうした有利な変異が積み重ねられていくことで、種は次第に形を変え、新たな種に変化していくものと考えた。

ただ、人為選択と自然淘汰とをよく考えてみると、根本的なところで大きく異なっていることが分かる。人為選択も自然淘汰も基本的には、生物に現れる変異を用いているが、人為選択の場合には、生物の意志に関係なく、人間の意志によって選択がなされる。まだら模様の美しさがハトにとって生きていくうえで有利であるのかどうかに関係なく、人間の抱いた価値観によって選択される。これに対して、自然淘汰の場合には、変異を抱いた個々体の意志と直接係わってくる。個々体の生きようとする意志は、個々体を取り巻く環境との係わりでさまざまに変化するし、個々体のもつ生理的環境とも係わるであろうし、個々体のもつそれぞれの能力とも係わってくる。さらには、個々体を取り巻く家族関係とか、異性関係とも係わってくる。こうしたあらゆる付帯環境との係わりの中で、生きようとする個々体の意志が決定されてくる。このことに関して、ダーウィン自身も気付いていて、次のように述べている(12)。

人間は、ただ外的で可視的な形質に、はたらきかけることができるだけである。ところが自然は、いかなる生物にでもそれが有用でありうるのでなければ、外観にはかかわりをもたない。自然は、あらゆる内部器官、あらゆる度合いの体質的差異、ならびに生命の全機構にたいして、作用することができる。人間は、自分の利益のためにのみ選択する。自然は、自分が世話する生物の利益のためにのみ選択する。

このように語ってはいても、人為選択と自然淘汰とでは、生命の営みにおいて一八〇度異なることが起きていることについて、ダーウィン自身気付いてはいない。それは、ダーウィンの進化論を最も信奉している生物学者ドーキンスにしても全く同じだ。

自然の中で生きる個々体には、個々体を取り巻く様々な環境条件を加味した中での直観による行動判断が生まれてくる。そして、その判断によって行動することになる。それは、必ずしも変異を助長する方向に働かないかもしれないし、働くかもしれない。また、ある時は、その変異が有効に働いたとしても、ある時には全く意味のないものになってしまうことも起きるであろう。要するに、自然の中での個々体のふるまいは、環境全てと係わった中で、個々体の心の内に浮かび上がってくる生きようとする直観に基づいた意志によるということだ。したがって、自然の中での個々体のふるまいは、人間の意思による人為選択とは一八〇度異なった、個々体の意志が深く係わってくる。そして、その意志を生み出す判断の中には、種としての価値判断も当然含まれてくることになる。

たとえば、競走馬として馬の品種を改良する人為選択では、足の速い馬だけが選ばれ、その能力が人為選択によって加速される。ところが自然淘汰の場合には、より速く走ることのできる変異が生まれて、それまでの馬にはない速く走る能力をもったとしても、その馬が生きていくうえで最適な判断は、足の速さだけでは決まらない。食物を含めた気候風土といった自然環境を始め、家族との係わり、異性との係わり、さらには敵との係わりなど、様々な環境の中で、その場その場において最適な判断がなされ、その判断に基づいた行動がなされていく。その最適な判断は、個々体のもつ直観力に依存するが、それは、その個々体を形作る全遺伝子との係わりといっても過言ではあるまい。足の速さだけではなく、家族への思いやり、敵への威嚇力、食物を得るための能力、機知、知恵、などなどありとあらゆる能力が全体で一つとなって、ある判断を生みだし、それに基づいて行動を起こさせている。そこには直観力が根底で働いている。

また、あらゆる生命体には、上で述べたような様々な機能、欲求、機知といったものが内在しているが、そうした機能や欲求を生み出すものと遺伝子とは深く係わっている。ゲノムの解析から、多くの生命体の遺伝子の数がおおよそ数えられてきているが、何千、何万にも上る。そうした遺伝子によって生まれてくる機能や欲求といったものは、何十、何百にもなるであろう。ところが、瞬時瞬時に生きている生命体の内的世界、それを心と表現するならば、その心はただ一つだけだ。そのただ一つの心が、瞬時瞬時、行動すべき判断を生み出し、その思いが一つであるから、ある一つの行動がとれるのである。

先に述べたように、遺伝子と係わる機能や欲求は何十、何百とあるのに、最終的に行動に移らせている心の世界は、一つの意志に基づいたものになっている。理性の世界、科学の世界から見れば、多様な機能が存在しているように見えても、心の世界では、そうした多様なものから生まれてくる様々な思いを全体で一つのものとして作り上げているものが内在しているのである。その統合する力は、これまで述べてきたように遺伝子そのものには書かれてはいない。そして、その全体を一つのものとしてまとめ上げている力があるから、多様な遺伝子の抱く多様な能力が、刹那刹那に変化する多様な環境の中で、全体として最適なものに取りまとめられ、一つの判断が下され、それに基づいた行動がなされることになるのである。

環境も時々刻々と変化するであろうし、大きな環境変化も起きるであろう。そうした中で、種を形づくる個々体が生き残っていくのに必要なのは、全体で一つとする総合判断である。その全体を一つとするものがあって、はじめて生命体は行動ができるし、その行動ができるから、自然淘汰なるものが生まれてくるのである。行動しないものに自然淘汰は起こりはしない。そして、その行動を生み出す源に統合力は控えていて、それぞれの生命体にとって重要なゲノムをまとめ上げ、種としての本能行動をも生み出しているのである。

同じ種を構成する個々体の中で、様々な変異が様々な遺伝子の中で起きてくるであろう。ある個体には、ある遺伝子に変化が起き、違う個体には、また違った遺伝子に変異が起きる。こうして、ある種を構成する個々体の中には、様々な変異をもつ個体が集まっている。でも、そうした変異も、種のもつ統合力の中に組みこまれ、ある点を中心に右に左に変化しているだけなのだ。それは、自然の中での生物の営みが、環境と係わって、全体で調和したものになろうとする統合力が絶えず働いていて、その統合力のもたらす判断によって個々体が生きているからである。

ある時には有利に働いていた能力も、環境の変化によって、もはや有利なものにはならなくなり、他の能力が有利なものになってくる。こうして、長い時間を考えてみると、環境の変化の中で、一番安定した能力は、種として始めから抱いていた平均的な能力であり、その平均的な能力を中心にして、小さな変化が、その時々によって生まれては消え、消えては生まれているのである。

以上のように、人為選択は、個々体に生まれてくる変異を人間の意思によってより強調させようとする選択であるから、一方向への変化が積み重なってくる。これに対して、自然淘汰は、個々体を取り巻く様々な環境と係わった個々体の意志と関係してくるために、環境の変化の中で、必ずしも一方向への変化だけが積み重なるということではなく、長い時間の中では、そうした変化が平均化され、平均的な種の特徴を中心にして、左右に微妙に変化しているだけになってしまうのである。その状態をとらえたのが、古生物の世界に見られる断続平衡の現象である。そこでは、ある種が何百万年もの間ゆっくりした変化をしながらも、結局は、その種の平均的特徴の中で右に左に変化している姿だけが浮かび上がってきている。要するに、人為選択は、生物の意志に関係なく、人間の側から見た選択行為であり、それはまさに技術であるのに対して、自然淘汰は、生物の意志に基づいたものであり、技術とは異なり、生命の営みそのものであるということだ。

そして、ここで極めて重要なことは、原子、分子から、DNA、遺伝子、単細胞生物、動物、人間にいたるまで、ありとあらゆる自然の生み出したものの中には、この意志を生み出す統合力が秘められているということだ。その統合力があるから、それぞれは、それぞれの意志を持つし、判断をもち、最適といわれるものを自然に選んでいく道を歩むことになる。それが自然淘汰である。

ところが、ここで注意したいことは、人為選択にしても、自然淘汰にしても、それらがどんなに時間をかけても、統合力の支配からは逃れることができないということだ。すなわち、ある種が自然淘汰によって、時代時代で微妙に形態を変えたとしても、それは、その種のもつ統合力の許容する範囲の中での変化であり、その統合力の許容する範囲を超えてしまった変化を維持することなどできないということだ。というのは、統合力の許容する範囲を超えてしまった変異は、もはやその生物が生命を維持することをできなくさせてしまうからだ。それは、先に述べた綱渡り師の全体を一つに統合したバランス感覚と、綱渡り師のもつ竿の変化との係わりと同じだ。竿にどのような変化が起きようとも、それは綱渡り師を綱の上に留めておくためのバランスの中に組み入れられた変化であって、そのバランスを超えてしまうような変化は、綱渡り師を綱から落としてしまうだけである。したがって、一つの統合力のもとでどのような変異が起ころうとも、その変異は、その統合力の許容する範囲にあって、種の生命を安定に維持するためのものだけが生き延びていくだけであり、その変化から新たな種が生まれることなど起こりようはない。新たな種は、新たな統合力の誕生によって生み出されてくるものなのだ。

そして、以下のことは極めて重要なことだが、自然淘汰によって生み出されてくるとみえている秩序は、実は、元々生命体の内を貫いている統合力自体が、秩序を生み出す力となって働いているからである。この内的世界としての統合力が存在しなければ、どんなに遺伝子に突然変異が起ころうとも、その変異を環境全てと係わった中で活かしていくことなどできはしない。だから、自然は淘汰など行ってはいないということだ。淘汰に見えるものは、環境の変化に対して、元々ある統合力が、その環境と調和できるように、ゲノムやそのゲノムに生じた変異をコントロールした結果であるということだ。そして、自然淘汰と考えられている営みは、先に述べたそれぞれのフロアーの中だけの振る舞いに限られていて、フロアーを縦に移動する新たな種の誕生は、新たな統合力の誕生によってのみもたらされるのである。

これまで述べてきたことによって、ダーウィンにしても、ドーキンスにしても、他のダーウィニストにしても、新たな種が、変異と自然淘汰によって誕生してくると考えてしまったのは、彼らが、目に見える現象の世界だけに固執し、この世に存在する全てのものの内に、生命としての統合力が貫かれていることに気付いていなかったことによるのであるということが理解されるのではないだろうか。

第十章　人間性の起源

1　意識はどこから生まれてきたのか

生命の進化の究極は、人間誕生であり、その生命進化の探求が明らかにしたいことの一つには、人間の持つ意識がどのようにして生まれてきたのかということであろう。だから、生命の進化をとらえる進化論は、生物の進化はもちろんのこと、人間の持つ意識の誕生についても説明できて初めて進化論たりうるものになる。ところが、これまでの生命の進化の考え方は、単細胞生物の誕生をもって生命の誕生とし、そこからは、突然変異と自然淘汰によって、漸次的に進化しているとしているから、無機物の原子や分子の集まりが、どうして生命活動を生み出すのか、そして、その延長上において、どうして無機的な物質の集まりである脳が意識を生み出すのか、意識のハードプロブレムとして謎に包まれたままだった。

ところがこれまで見てきたように、生命は、創造性を内に秘めた統合力であり、それは生まれることも消え去ることもなく、あり続けているものであった。その生命によって、生命の分身ともいえる統合力が次々に生み出されてきた。そして、その統合力は、素粒子から原子や分子をはじめ、あらゆるものの内を貫いていて、その統合力の進化によって、この宇宙も、生物も、そして人間も生み出されてきた。

先に光にも心があることを述べた。その心は、人間の心のようにはっきりと感じる心や、意識する心など多様な心の世界はもってはいない。でも、一つ一つの光子には、統合力に支えられた意志的なものは秘められている。それが、多くの光子が集まった時に波としての性質となって表れてきていた。

そうした素粒子に新たな統合力が作用することによって、原子や分子が形作られ、その原子や分子には、素粒子よりもより広い心の世界が展開していくことになる。さらにそうした原子や分子を用いて、新たな統合力が単細胞生物を生み出すとき、単細胞生物の中には、原子や分子には見られなかった、よりはっきりとした心の世界が誕生してくることになった。そうした単細胞生物の動きを外から観察すると、単細胞生物自身が、自身の意志によって行動している姿が見えてくる。これまでの科学は、ここにきてようやく、単細胞生物を生命体とみなし、生命の誕生が単細胞生物の誕生をもって始まると考えてきた。

しかし、これまで見てきたように、生命は始めから存在していて、その生命の分身ともいえる統合力を次々に誕生させ、形態も、内的世界も共により高度化した生命体へと導いてきた。人間を生み出した統合力も、先にそれを共通感覚として表現しておいたが、それは、既存の生命体、すなわち現生人になる前の人類に作用し、その細胞の中で人間としてのゲノムを作り上げ、その統合力のもとで細胞分裂を行わせ、人間としての成体を誕生させてきた。そして、意識や、感じたり、創造したりする心が突然誕生したのではなく、光にも心があるように、統合力そのものが心の源であり、その統合力が進化することで、心も進化し、人間において意識がよりはっきりとした形で表れてきたのである。

2　ホログラム的心の進化

一個の受精卵が細胞分裂を繰り返していく間中、統合力はすべての細胞を貫き、全体で一つの世界を絶えず作り上げ、最終的には、一個の完成された成体へと導いている。ここで重要なことは、統合力は、成体を構成している一つ一つの細胞を貫きながら、同時に成体としての一つの統合力になっているということである。そして、その統合力が心の基盤としての働きをしているから、先に述べたように、その基盤の上に、たとえば歩こうという一つの意思が生まれた時、その意思が完結できるように、統合力を介して全ての細胞を全体で一つの世界で働かすことができるのである。思いが体全体に伝わるというのは、統合力が全ての細胞を等しく貫いていればこそである。

この細胞一つ一つを統合力が貫き、同じゲノムを抱いた同じ細胞が多数集まることで、一つの成体が誕生してくる状態は、ホログラム的である。ホログラムとは、ある物の形態を写真のように写し取るホログラフィーと呼ばれる技術によって作られた記憶フィルムである。一つの光を記録対象となる物に当て、その物から反射してきた光と、もう一つ別の参照光と呼ばれる光との間で干渉を起こさせ、その時に出来る干渉パターンをフィルムに記録しておくと、そのフィルムに先の参照光を再度当てることで、物の形態が再現できる仕組みである。この干渉パターンを記憶したフィルム（ホログラム）は、どんなに細かく切り刻んでも、その一つ一つの切片には、物の形態情報全てが秘められている。ただ、切片が小さくなればなるほど、形態の鮮明度は悪くなっていくが、全体としての形態情報は秘められたままである。

ここには、一つの受精卵が細胞分裂を繰り返して最終的には一個の成体になっていくのと似た世界が展開している。一個の受精卵には、ゲノムというその受精卵が成体になるためのすべての遺伝情報が秘められているが、一個の細胞では、その成体の具体的な形態は微塵も現れてはいない。それでも、その一個の細胞の中には、その成体が持つ形態はもちろんのこと内的世界と係わった情報が秘められている。そして、その細胞が細胞分裂して、成長してくるにしたがって、ゲノムに秘められていた形態や内的世界がより具体的な形として現れてくることになる。

一つ一つの細胞には、ホログラムの切片と同じように、全く同じ情報が秘められていて、ホログラムでは、その切片が多数集まることで、鮮明度の高い像が現れてくるが、それと同じように、細胞分裂が進み、細胞の数が増えてくるにしたがって、成体の形態はよりはっきりとその姿を現してくるようになる。

この一つ一つの細胞と形態との係わりと同じように、統合力によって統合された心の世界も、細胞分裂によって成体が成長してくるにしたがって、より具体的なものへと成長してきているのであろう。それを人間の心の世界と関連付けて考えてみると、始めはぼやけていた心の世界に、感性、感情、意識、記憶、理性、自我といったものが次第にはっきりとした形になって現れてきているということである。それは、統合力がもともと抱いていた世界が、細胞分裂を繰り返し、成体へと成長することによって、より具体的な形で表出されてきているということである。

これは、先に述べた、光の持つ統合力が、多数の光子の集まりによって、波の性質をはっきりと現してきていることとまったく同じである。一個の光子が、二つのスリットの開けられた障壁を通過した後、スクリーン上にその輝跡を残すとき、一個では、それが光の波としての性質を表していることはまったく分からないが、スリットを通過する光子の数が増えてくるにしたがって、スクリーン上に現れる輝跡のパターンは、二つの波としての光によって作られる干渉縞の姿を現してくる。

このように、生命の営みはホログラムの性質と似たような世界を持っているが、それは、生命の世界においては、小さな一つのものにも統合力が浸透しているからである。小さなものが統合力のもとでたくさん集まってくることによって、元々統合力の抱いていた内的世界が、より明瞭化されるとともに、統合力の抱いていた形態的なイメージが、より具体的なものとして形作られてくるのである。

以上のように、光子がたくさん集まって、はっきりと見えてくる波としての性質にしても、受精卵から成体へと成長する細胞分裂にしても、一つの統合力のもとで繰り広げられるホログラム的営みである。そして、それらは、先の高層ビルの譬えで述べた一つのフロアー内で繰り広げられる水平方向での営みである。これに対して、統合力の進化と関連した垂直方向での進化がある。

光や電子といった素粒子にも統合力が貫かれていて、それが波としての性質として現れてきていることは先に述べたが、その光や電子がどんなにたくさん集まったとしても、波としての性質以上のものにはならない。ところが、それらが原子や分子を生み出す新たな統合力の誕生によって、素粒子とは全く異なった新たな形態や内的世界をもつことになる。さらに新たな統合力のもとで、そうした原子や分子が集まって、単細胞生物へと進化した時には、単細胞生物としての形態や、その活動を生み出す内的世界をも生み出すことになる。ただ、単細胞生物がいくら集まったとしても、その抱く内的世界には少しの成長も生まれないであろう。ところが、また新たな統合力の誕生によって多細胞生物が形作られると、そこでは、新たな形態と内的世界が創出されることになる。

こうして、多細胞生物が、さらに新たな統合力の誕生によって進化していくにつれて、新たな形態が生まれてくるし、内的世界にしても新たな内的世界が生まれてくることになる。そして、最終的には、人間を生み出す統合力の誕生によって、人間としての形態が形作られると同時に、人間の持つ精神世界も形作られることになったのである。

こうした統合力の進化は、素粒子の統合力から原子や分子の統合力、さらには単細胞生物の統合力を内に秘め、最終的には動物の統合力、そして人間の統合力を内に秘めることになる。したがって、人間の心の世界には、人間の統合力がもたらす人間としての心の世界はもちろん、素粒子から動物に至るあらゆる内的世界が秘められていることになる。科学が物質を細かく分析し、そうした物質が、電子、陽子、中性子から出来上がっていることを明らかにし、さらに、そうした陽子や中性子がクォークからできていることを突き止めることができてきたのも、科学者の抱く心の深層に、素粒子の心が秘められているからであり、その素粒子の心の一つの現れが数式となって表現されているのではないだろうか。

光の波としてのふるまいを表現したシュレーディンガー方程式は、微分方程式によって記述されているし、アインシュタインの導き出した一般相対性理論の中核となるアインシュタイン方程式は、ドイツの数学者ベルンハルト・リーマンによって生み出されたリーマン幾何学を基礎においている。さらに、物理学に新たな潮流をもたらしているひも理論の基盤には、数学者レオンハルト・オイラーのベータ関数がある。物理学とは全く異なる数学の分野で生み出された数式が、物質や宇宙の営みを正しく表現しているということは、人間の心の内に、物質や宇宙を生み出した根源的ものが秘められているからであり、それこそが統合力の存在に他ならない。

ただ、ここで注意したいことは、数式それ自体が統合力そのものを表現しているのではなく、数式は、統合力の抱くイメージが、現象界に表出された姿を表現しているということである。シュレーディンガー方程式は、確かに光の波としての性質を記述しているが、それは、光の統合力そのものの表現ではない。光の波としての性質が、光の抱く統合力の現象界に表出された姿であるのと全く同じように、数式は、統合力の現象界に表出された姿であるということだ。だから、数式は素粒子の言葉であるとも言える。

数学者であったアダマールは、数学の発見に遭遇するときの人間の心の有り様を数学者や物理学者、さらには芸術家といった人たちの閃きについて調査することで分析しているが、本人自身の体験をも踏まえて、数学の基盤になっているいくつもの法則や定理は、意識の作用の及ぶことのない無意識の世界から生まれてくるとしている(1)。こうした数式が、先に述べたように、様々な物理現象を記述し、素粒子のふるまいを記述したり、解明したりするのに用いられているが、それは、そうした数式が素粒子の言葉となって素粒子のふるまいを記述しているからであり、その素粒子の言葉が、人間の心の深層に秘められているからであろう。要するに、人間が自然の営みを分析し、その真理に近づけるということは、自然の法則そのものが、すべて人間の心の深層に書き込まれているからなのだ。

これまで述べてきた統合力の進化の流れを表現したのが図8である。図には、心の世界と現象の世界が表現されていて、水平軸は素粒子から人間までの統合力の進化を示している。縦軸は、心の世界では創造性の高さを、現象の世界では各生命体の動きの規則性の高さをそれぞれ示している。統合力の初期の段階では、素粒子や原子・分子によって作られる物質世界であり、それらの統合力が内に秘めた創造性はまだ低い。そのために、それらのふるまいは数式によって記述される高い規則性を帯びている。科学は、この領域において、物質のふるまいの規則性を明らかにしてきており、そうした規則性が数式によってとらえられるために、そこには、心の世界などないものと考えられてきてしまった。

一方、統合力が進化するにつれ、統合力の抱く創造性は豊かなものになってくるために、そうした統合力によって生み出される高分子や生物の動きは、もはや数式ではとらえることができなくなってくる。これまでの科学は、ここにきて、ようやく生命の存在を認め、生命体を定義してきた。さらに統合力が進化することによって、多様な生物が誕生し、人間も誕生してきたのだが、その人間の抱く統合力は、先に共通感覚として見たように、言葉によるコミュニケーションや、道具作り、さらには芸術作品の製作などを可能にさせる豊かな創造性を秘めることになった。

3　道徳律の起源

これまで見てきたように、生命の進化が統合力の進化となって浮かび上がってきたが、この結論に基づいて生命の営み、生物の営みを見るとき、そこには何の矛盾もないことが分かってくる。

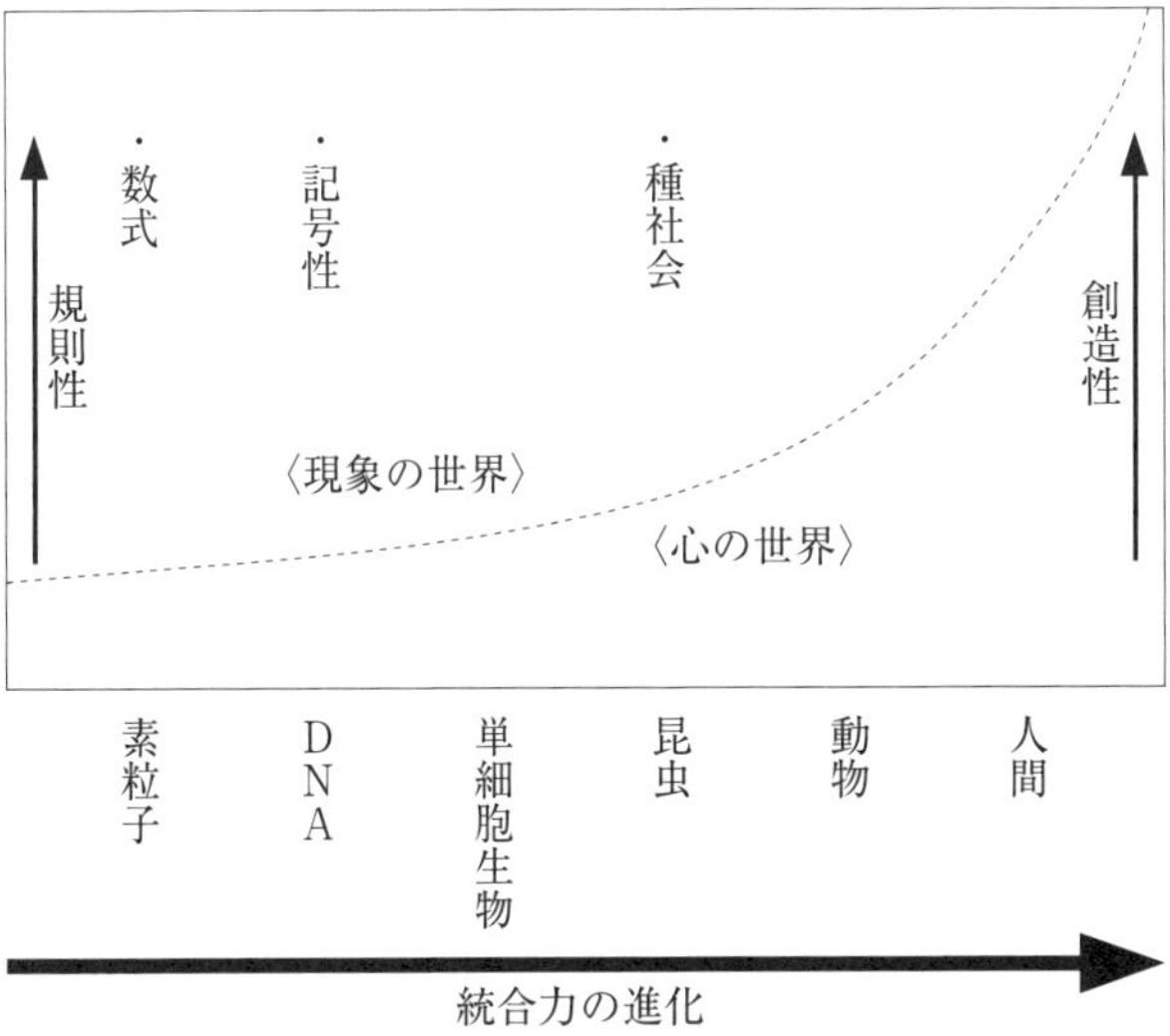

図８……統合力の進化に伴う創造性の高まり

統合力の進化に伴って、心の世界では創造性が高まる。創造性が高まると、現象の世界では、生命体の行動様態に多様性が生まれ、規則性は低くなってくる。逆に、創造性の低い状態では、現象の世界でのふるまいに高い規則性が現われてくる。

生命の原初的な姿である素粒子にしても、その内には統合力が貫かれているし、その統合力の進化によって、人間誕生までの生命進化のドラマが一貫性を帯びてくる。

それと、この統合力の存在は、単に物理学であるとか、生物学であるといったものに限られたものではなく、先に触れたように人間の心の世界とも深く係わっている。仏教の世界でいわれている色即是空、空即是色や、一即多、多即一、さらには先に述べた道教の教える道とも重なり合ってくる。

「色」とはわれわれが日常目にしている物や生物のことを指した言葉であるが、それが「空」なるもの、すなわち目に見えないものから生み出されていることを色即是空は表現している。また、多即一とは、目に見える多様なものが、目に見えない一なるものから生み出されていることを語っていて、それはまさに在り続ける唯一無二の生命が、多様な統合力を生み出し、多様な生物を生み出していることを意味している。そして、それは、一つの統合力のもとで多様な個が生まれてくることをも指し示している。多数の光子による干渉縞は、光のもつ唯一無二の統合力の表出であったし、多数の細胞によって形作られる成体は、その種に特有な唯一無二の統合力に根ざしていた。それらはまさに一即多、多即一に他ならない。

また、「道」については、すでに第六章で述べたように、時空を超越した世界にあって、多様な統合力を誕生させる源を指し示した言葉であり「万物は『道』の現れとして生ずる」と語られている。このように、空や一や道の意味するものは、まさに、時空を超越した世界にあって、多様な統合力を生み出す源、すなわち悠久な生命である。

先に紹介したヒンドゥー教の聖典の一つ「バガヴァッド・ギーター」は、人間の心に内在する悠久な生命について、

それは分割されず、しかも万物の中に分割されたかのように存在する。それは万物を維持し、呑み込み、創造するものであると知るべきである（2）。

と語っているが、そこで貫かれているのはブラフマンと呼ばれる全体を一とする統合の世界である。すなわち、全体を一とする統合力の存在、そして統合力の進化というものが、宇宙の誕生や種の誕生ということだけに留まらず、人間の心の世界とも深く係わっていて、それらが相互に決して矛盾するものではないということである。

ダーウィンの進化論は認めても、人間の抱く道徳律は、それとは次元の異なるものだと考える科学者は多い。敬虔なるクリスチャンであり、ヒトゲノムの解読のプロジェクトリーダーを果たしたフランシス・コリンズは、その著書『ゲノムと聖書』の中で、有神論的進化論を提案しているが、それは次のように要約される（3）。

宇宙は約百四十億年前に全くの無から現れた。地球上での生命の起源の正確なメカニズムは

まだ解明されていないものの、生命が現れてからは、進化と自然淘汰の過程を通して、長期間を経て生物的多様性と複雑性が発達していった。進化の過程が始まってからは、特別な超自然的な介入は必要ない。人間もこの過程の一部であり、類人猿と共通の祖先をもつ。しかし、人間には、進化論では説明できない唯一無二の部分もあり、その霊的な性質は他の生物に例を見ない。これには道徳律や神の探究などが含まれ、歴史を通して全ての人間の文化に見られる特質である。

コリンズのような世界をリードする科学者であっても、生命に関する議論は避け、とにかく、生命が誕生した後は、人間に至るまで、変異と自然淘汰によって生命は進化してきたと、ダーウィンの進化論を容易に認めてしまう。そして、人間の抱く道徳律は、そうした進化とは別次元のものであるとして、その道徳律に対しては蓋をしてしまっているのである。

コリンズのように、ダーウィンの進化論は認めても、人間の抱く道徳律は、それとは別のものだと考える科学者は多い。でも、それでは生命の営みという全体から見たとき、矛盾が生じてきてしまう。進化論と道徳律とは別というのでは、人間はでは一体どのようにして生まれてきたのか、進化論では説明がつかないものになってしまうであろう。生命の進化としてのこの宇宙の営みは、宇宙の誕生から、人間の誕生まで、そこには一貫した生命の営みが貫かれているのが自然であるから、人間の抱く道徳律に関しても、生命進化の必然性が秘められているはずである。統

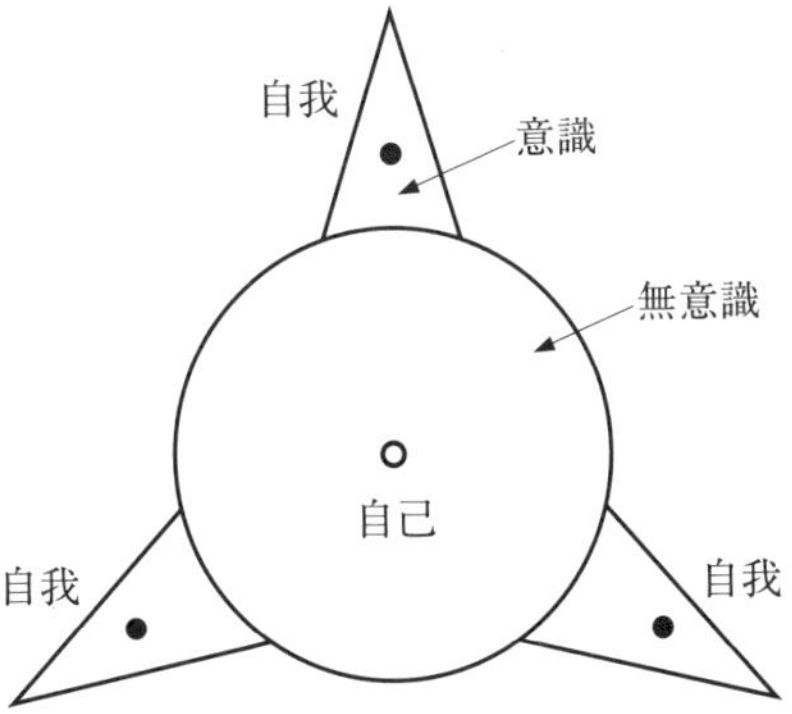

図９……心の構造　自我と自己

合力の進化は、人間の抱く道徳律が、共通感覚の誕生によってもたらされたものであることをはっきりと示している。

人間に共通感覚が与えられたことによって、先に述べたように、人間には意識する世界が与えられ、それと同時に無意識の世界も存在することになった。ユングは、人間には二人の自分がいるとして、それを自我と自己と名付けた(4)。意識の中心にいて、常に私として意識しているその自分が自我であり、無意識の世界にいるもう一人の自分を自己と定義した。

この自我と自己との係わりは、図９のように表現することができる。図において、中心の円から飛び出した各トンガリ帽子は、一人ひとりの意識の世界を表現していて、その中心に自我があり、それは人の数だけある。これに対して、中心にある円は、一人ひとりの心の内にある無意識の世界を表現していて、その無意識の中心に向かうに従って、心は全ての人に共通なものになってくる。そして、その無意識の中心に自己がひかえている。自己は全ての人の心の内を共通に貫き、一人ひとりに私として感じられているものであり、これまで述べてきたヒト種をヒト種たらしめている共通感覚と係わったものである。すなわち、自我は肉体に依存した私となっていて、人の数だけあるのに対して、自己は唯一無二のものとして、全ての人の心の中心を共通に貫き、一人ひとりの生命活動の源になっているのである。

自我は、肉体と結びつき、個々の持つ欲求と係わりあうために、利己的行動をしようとする。これに対し、自己は、全ての人類を一つに結び付けようと働くために、それは、道徳と係わり、宗教と係わってくる。自己の世界は統合力に根ざしていて、全体を一つに調和させようとする力を持っているため、それを人間が意識的に感じるとき、それは愛として感じられてくるし、その調和が生まれる方向に人間を向けさせようとする統合力の力を道徳心や良心といったものとして感じているのである。

生命は、人間に与えたこの自我と自己という二つの世界をもとに、人間をして、自己を意識化させようと働きかけていて、その働きかけが、人間をして生きる意味を求めさせ、悟りの境地を得ることへの志向性を生み出しているのである。そして、その悟りこそ、無意識が意識によって統合される、すなわち自己と自我とが重なり合う新たな統合力の誕生でもある。それは、先に紹介したバガヴァッド・ギーターに述べられている自己としての梵（ブラフマン）と自我としての我（アートマン）とが一つになる、まさに梵我一如の世界である。その悟りとしての梵我一如の境地から見えてくるものは、私は悠久な生命という覚知に他ならない。こうして、この悠久な生命は、物素とでも呼べる物質の素材を誕生させたことを皮切りに、統合力の進化という生命進化の梯子を上りながら人間を誕生せしめ、その人間をして、私が悠久なる生命という自分自身を意識化する、まさに蛇が自分の尾を飲み込む姿としてのウロボロスの営みを行ってきているのである。

終章　検証

1　物理の世界での謎とその解明

さて、これまで見てきたように、生命の進化が統合力の進化によるものであることが、様々な角度から見えてきたが、ここでは、これまで述べてきたことを基本に、改めて生命の進化が統合力の進化であることを検証してみることにする。

これまで、人類の英知は、ビッグバンに始まるとされるこの宇宙の誕生から、地球の誕生、さらには生命体の誕生、そして人間誕生までの一連の生命進化の流れの中で、いくつもの専門分野を作り出し、それぞれが対峙する様々な問題に果敢に挑戦してきた。

宇宙物理学、素粒子物理学、量子力学、一般相対性理論といった物理学をはじめ、ＤＮＡに代表される分子生物学、さらには、古生物の進化を探求する古生物学、そうした生命進化を分子のレベルから探求する分子進化学、さらに、人類の進化、そして人間の誕生を探求する考古学、その人間の心と係わった精神分析学、宗教学、哲学などなど。そして、そうしたいくつもの専門分野において、探求を深めていけばいくほど、今まで分からなかったことが明らかにされてくる一方で、それまでは全く気付いていなかったいくつもの謎が壁として立ちはだかってきている。

こうした謎のいくつかに関しては、本書の中で述べてきたし、そうした謎が、統合力を基盤にした生命進化の営みの中では謎ではなくなってくることも示しておいた。こうした各専門分野で直面している謎や不可解な問題をまとめて表2に示してみた。また、表2には、そうした謎や不可解な問題に対する解明の可否に関して、ダーウィンの進化論と統合力の進化の考えとを比較して示しておいた。

まず、宇宙物理学の抱えている問題として、ビッグバンがある。ビッグバンに関しては、いくつかの難問を抱えながら、その問題解明に科学者は果敢に取り組んできた。ビッグバンが起きた後のほんのわずかな時間の中で、極めて大きな膨張があったことが現在の宇宙の状態を説明できるとして、インフレーション理論が提案されてきている。その一方で、では、そのビッグバンを誘発した原因は一体何だったのかは、まだ未解決のままだし、この宇宙が大きなスケールで一様性を示していて、宇宙全体が極めて統制のとれた調和に満ちていることに関しても、理論的には解明できてきても、そうしたことが生まれてくる源に関しては蓋がされたままである。しかし、こうした問題に関しても、統合力の存在を考えることで、科学の力の及ばない世界で、そうした謎を生み出す根源的なものが起きていたことが理解されるのではないだろうか。

**表２……様々な分野で起きている進化的謎とそれらの謎に対する
ダーウィン進化論と統合力の進化との比較評価**

×：説明不可能　○：説明やや可能　◎：説明可能

様々な分野で起きている進化的謎	ダーウィン進化論	統合力の進化
ビッグバンの誕生	×	◎
宇宙の大きなスケールでの一様性	×	◎
光の二重性	×	◎
ＤＮＡの誕生	×	◎
カンブリア紀の爆発	○	◎
断続平衡	○	◎
形態進化とその可塑性の低下	×	◎
絶滅した分類群と同じ分類群がとってかわる	×	◎
ターンオーバー現象	×	◎
本能の存在	○	◎
異種間不稔	○	◎
Ｘ線照射下で異種が生まれないこと	○	◎
同じゲノムをもつ同じ細胞がなぜ機能分化するのか	×	◎
下等・高等生物間での遺伝子の類似性	◎	◎
表現型は遺伝子型からは予測不可能	×	◎
種社会	○	◎
文化的爆発	○	◎
人間言語の誕生	○	◎
人間の道徳性の誕生	○	◎

また、ビッグバンといえば必ず出てくる質問に、ビッグバン以前には何があったのか、そして、そのビッグバンをもたらしたものは一体なんだったのかという問題がある。これは、時空の枠の中で考えている科学では決して答えることのできない問題であった。でも、ビッグバンも一つの統合力の誕生がもたらしたものであり、それは時空を超えてあり続けている悠久な生命によって生み出されたものであることを考えるならば、その答えは自ずから見えてくるであろう。

また、量子力学の世界では、アインシュタインが「神は宇宙相手にサイコロ遊びはしない」と最後まで確率論的解釈に抵抗してきた光の二重性の問題がある。このことに関しては、本書の中で、光の波としての性質が物語っているのは、光にも心がある、すなわち光の内にも全体を一つとする光に特有な統合力が秘められていることであることを示した。また、何万光年も離れた二つの光子が、瞬時に影響しあう世界が存在しているというベルの定理が投げかけている問題は、これまでの科学が、その思索基盤として抱いてきた時空の世界では、解明できない一つの問題となってクローズアップされてきているが、その非局所的な現象も、光の内に時空を超越した統合力が秘められていることの実証でもある。

さて、ここで、アインシュタインを始め、ボーア、ファインマンなど、物理学の世界に金字塔を打ち立ててきた偉大なる科学者をしても、その答えを見つけ出すことのできなかった量子力学での一つの謎について、統合力の観点から触れておくことにする。その謎とは、図6に示した光の二重性についての実験で起きてくるもので、次のような不可解な現象となって現れてきている

(1)。

図6において、光源から出た一つ一つの光子が、スリットを通過してスクリーン上に到達する時、その到達するまでの光子の取り得る経路は、確率波として、シュレーディンガー方程式によって記述されている。そのシュレーディンガー方程式を解くと、光源を出た光子は、スクリーンに到達するまでの間、ありとあらゆる空間を飛び回ってくる可能性を秘めていて、その位置も、その存在自体も確定することができなくなってしまう。すなわち、測定するまで(スクリーン上で一つの輝点としてとらえられるまで)は、光子の存在をとらえることができないということだ。この現象に対して、アインシュタインは、「われわれが月を見ていない時には月は存在していないのか」と、終始、疑問符を投げ続けていた。こうしたことがなぜ起きるのか、その解釈に関して、これまで科学的、哲学的見地から様々な議論がなされてきているが、納得のいく答えは得られていない。

この現象に関して、統合力の観点から見ていくなら、その謎に真理の明かりを灯すことができる。先に見たように、光が光子、すなわち粒子としてふるまっている時には、時空の世界ではっきりととらえることができる。図6において、スクリーン上に現れてくる一つひとつの輝点は、光子一つひとつの存在をとらえたものだ。これに対して、波としての性質は、いくつもの光子の輝点によって作り上げられた干渉縞としてのパターンとなって現れていて、それは先に述べたように、光の抱く統合力が表出されたものである。

先に、数式は心の世界が表出されたものであり、素粒子の言葉であると表現しておいたが、シュレーディンガー方程式が示しているのは、光の波としてのふるまいであり、それは、光の内に秘められた心、すなわち統合力の現象界に表出された姿である。だから、それは、時空を超越した世界と係ってくることになる。そのため、光が測定されるまでは、光子そのものは空間のどこかに存在してはいるけれど、一つひとつの光子は、シュレーディンガー方程式で示される統合力を内に秘めていて、時空の世界では、あらゆる空間をとりうる可能性を秘めた状態としてとらえられることになる。したがって、光をシュレーディンガー方程式で表現される波としての性質としてとらえている時には、それは光の心の世界のことであるから、光子の存在を時空の世界でとらえることはできないし、光子の存在を時空の世界でとらえた時（測定した時）には、波としての性質は光子の内に秘められてしまうことになるのである。

要するに、シュレーディンガー方程式によって記述される世界は、時空を超えた光の心の世界であるにもかかわらず、それを時空の世界で議論していることによって、不可解な問題を生み出すことになってしまったのである。このように、量子力学の世界で起きているいくつかの謎は、素粒子の内に心、すなわち統合力が秘められているにもかかわらず、そのことに気付くことなく、時空の支配する現象の世界だけで、光のふるまいを解釈しようとしてきたことによるものであることが、理解されるのではないだろうか。

2　生物の世界での謎とその解明

さて、これまで見てきた宇宙物理学や量子力学といった物質を科学する世界から離れ、生物の進化と係わる世界に焦点を当てて見ていくと、その生物の進化の世界においても、ダーウィンの進化論ではなかなか説明のつかない謎と思われる現象がいくも起きていた。これまで何度か述べてきたカンブリア紀の爆発や断続平衡の問題はその代表的な例である。こうした謎も、その現象の背後に、時空を超越した統合力が作用していることを考えると、必然的な結果であることが見えてくる。

これらの問題以外に、カンブリア紀の生物化石が、まだ十分に分析されていなかった時には見えていなかった問題として、生物の進化が、まずはじめにカンブリア紀の爆発によって門が誕生し、その後、門から綱へ、綱から目へと、その可塑性を狭めながら移ってきているという事実（形態進化とその可塑性の低下）がある。先に述べたように、この現象に関しては、ダーウィンの進化論からは、その流れがまったく逆のものになってくる。というのは、種の進化が、変異と自然淘汰による漸次的進化の賜物であるとしたダーウィンの進化論では、まずはじめに種が誕生し、それが少しずつ変化しながら多様化していき、属を作り、科を作り、目を作るという流れになっていくからである。これに対して、統合力の進化という考えからは、生命の進化が、門から綱へ、綱から目へという流れになってきて、それは、古生物学の研究から浮かび上がってきている事実と符合する。

また、ダーウィンの進化論からは説明がつきがたい問題として、ある絶滅した分類群と同じ分類群が新たに誕生してくるという現象、すなわち、死に絶えた分類群と、それに代わって新たに誕生してくる分類群のレベルとが一致しているという現象も、統合力の立場から見てみると、自然の流れとして理解できる。

たとえば、ある目に属する生物がすべて絶滅したとすると、ダーウィンの進化論に従うと、新たな生物の誕生は、既存の種から始まって、属、科、そして目へと流れていくことになるが、古生物の化石記録が物語っているのは、いきなり目が誕生してきている。この現象に関しても、統合力の進化の観点からは、先に示した図7からわかるように、失われた分類群は、その上位の分類群の全体を一とする統合力のもとで新たに生み出されてくるから、そうなることが自然の流れであることが見えてくる。

さらに、本書の中ではこれまで触れることのなかった問題で、古生物学の世界では極めて重要で、今もなお議論が続いている問題がある。それは、ある種が絶滅すると、その絶滅に伴って、新たな種が突然のごとく誕生してくることである(2)。この現象は、古生物学者の間ではターンオーバーと呼ばれ、いくつかの異なった解釈が提案されてきているが、まだ確固とした答えは得られてはいない。絶滅に関しては、地球に隕石が衝突したことや、火山の大爆発などによって、地球環境が大きく変化し、それが原因で多くの生物が絶滅に追いやられたという環境説によって、その多くが説明されようとしているが、あるいくつかの種だけが、忽然と姿を消し、そのあと忽然と新たな種が誕生しているという問題に関しては、環境説だけでは説明しきれないものがある。

このターンオーバーの問題も、統合力の進化を基本にして考えてみると、その現象を生み出している原因が理解できてくる。先に述べたように、新たな統合力は、既存の生物に作用する。その作用によって、細胞の中で既存の遺伝子をもとにして、新たなゲノムが作られる。それが新たな種の誕生であるが、そこでは、既存の種の突然の絶滅と、新たな種の突然の誕生という、まさにターンオーバー現象が起きている。

この既存の生物に新たな統合力が作用して、新たな種が生まれるという現象は、人間誕生の時にも起きていた。すでに述べたように、今から五万年ほど前、いくつか異なる民族に分かれていた人類は、突然、現代人と同じ知能を持つ新人へと一斉に進化していた。それは、新人以前の人類に、新たな統合力が作用し、既存の人類の細胞の中で、新たなゲノムが構成され、新人へと進化したものと推測された。したがって、将来、遺伝学的には全く同じ遺伝子をもった新人と旧人の人骨化石が、同じ場所で発見されてくる可能性はあるであろう。

すなわち、統合力の働きは、既存の生物に働きかけ、ゲノムを再編することで、新たな生物種を誕生させているから、遺伝子レベルで見た場合には、駅伝の襷のように、同じ遺伝子は新たな種にそのまま受けつがれていく。このため、古い種で起きていた突然変異は、そのまま新しい種の遺伝子に受けつがれていくことになる。だから、統合力と係わった種の誕生は、先に見た高層ビルの譬えのように、直線的でない断続が存在しているのに、遺伝子レベルでは、種が変化したとしても、新たな種に既存の遺伝子が受けつがれていくという直線的な係わりをもっているのである。

だから、遺伝子レベルから種の誕生をとらえようとすると、そこにはダーウィンの進化論を是とする直線的な進化の姿が見えてくることになる。でも、それはあくまでも生命の営みを現象の世界からとらえたものであって、生命の営みである統合力の世界から見るなら、断続的な進化をしてきているのである。そして、このことが、DNAの分析では、五万年ほど前の新人誕生をとらえることができず、DNAに込められた直線的な変異から、現代人の祖先が、今から二〇万年前、アフリカに生活していた一人のイヴに帰せられるという結果をもたらすことになったのである。

さらに、ゲノムの誕生が統合力の誕生によってもたらされたものであることを考えるなら、統合力のもたらすものに無駄なものは何一つないはずである。統合というのは全体で一つの調和した世界を作ろうとする創造的営みであるから、その統合力によってゲノムが生み出された時、そのゲノム全体は、それなりに全体としての調和をもったものとして形作られているはずである。だから、分子生物学が探究しているゲノムの解析の中で、遺伝や形態形成には全く寄与していないと考えられているジャンクDNAも、生命活動の中で何らかの役割を持っているはずであり、そのことは、今後のさらなる研究によって明らかにされてくるのではないだろうか。

全てのものの内には、目では直接とらえることのできない統合力が貫かれていて、その統合力が、それぞれの種に特有なものを秘めていることで、多様な生命体が生まれてきている。そして、ある種に特有な統合力は、その生物のゲノムの内を貫き、一つの細胞から成体に至るまで貫いているから、一つ一つの成体の内には、種としての共通な心の基盤があり、その心の基盤によって、個々体は環境と係わって行動し、その行動が人間の目には本能として見えてくるし、その個々体の行動が、全体として秩序のある種社会を築くことになるのである。

このことは、人間においても例外ではなく、人間種の統合力としての共通感覚が、一人ひとりの心の内を貫いているから、人はその心を基盤として、人間種に特有なさまざまな行動を行いながら、秩序ある人間社会を築き上げているのである。それは、人間にとっての本能行動であり、その本能行動が一人ひとりの人間に暗黙のうちに求めさせているものが、道徳的生活であり、崇高なるものに帰依したいという宗教心でもある。

このように、生命の進化が、目には直接見えない統合力の進化によってもたらされたものであることを考えると、表2に示した様々な分野で起きている謎が、謎ではなくなってくる。そして、統合力の進化が、宇宙の誕生から人間誕生まで、そして、今を生きる私たち一人ひとりの心の内までも貫かれてきているから、その統合力の作用によって人は精神的進化を目指すべく、人生如何に生きるべきかという命題に取り組まざるを得なくなるのである。そして、その統合力が貫かれているから、この宇宙を含め、あらゆる生物を含めた森羅万象が、全体で一つの生命活動を行う中で、調和のとれた生命の世界を作り上げているのであり、それはまさに、この宇宙が一つの生命体であるということだ。

こうした生命の立場に立てば、先に述べたように、ビッグバンを生み出したものは何か、ビッグバン以前には何が存在していたのか、といった問題にも答えることができてくる。それは、あり続ける悠久な生命そのものである。それが基盤となり、森羅万象の内を貫き、人間の心の内をも貫いているから、その心を深く探究した宗教的世界では、悠久な生命そのものの存在を内に感じ、それを空、道、神、仏、梵といった言葉で表現してきた。

生命とは生まれることも消え去ることもなくあり続けているものであり、その内には、創造性を秘め、絶えず全体を一つに統合しようと創造的営みを続けているのである。あり続けているものが新たなものを創造し、その創造されたものによって生まれてくる新たな環境と係わって、新たなものがまた創造される。生命の営みとはそういうものであろう。そして、その生み出されるものは、それまでの環境を含めて全体で一つの調和したものとして生み出されてくるから、環境全てを含んで調和した生態系が出来上がってくるのである。

以上見てきたように、物理の世界、生物の世界で起きていたいくつかの謎は、時空の支配する現象の背後に、時空を超越した統合力が存在していることが無視されてきたことによって、生まれてきていたのだということが理解されるのではないだろうか。

3　気になる問題とその検証

言葉と五感との係わりの発見から始まった私の未知なる世界への旅は、生命の進化は統合力の進化である、という結論を最後に幕を閉じることになる。ただ、その結論は、これまでもっぱら時空の世界でさまざまな現象を分析してきた科学や、時空の因果が成り立つことが自然の営みと思ってきた常識からは、大きくかけ離れたものであることは確かである。本書を閉じるにあたり、これらの問題を再度検証してみようと思う。

生命の進化は統合力の進化であるという推論の中には、これまでの科学ではとらえることのできない二つの大きな存在が横たわっていた。その一つは、時空を超越した世界の存在であり、もう一つはその時空を超越した世界にある統合力の存在である。これらの存在は、言葉と五感との係わりから始まる一連の研究結果から、必然的に導かれてきたものであるが、そのことをより確かなものにするためには、他のなにかによって検証する必要がある。

ただ、これまでの科学は、時空が支配する世界での現象分析に終始してきているため、本書で述べてきた生命進化の真相に関して、科学の世界に、その検証事例を求めることは不可能である。もちろん、現象の世界で、そのことを暗示するものを指摘することはできる。本書で何度も指摘してきたカンブリア紀の爆発や、断続平衡の現象などは、その端的なものではある。でも、そうした現象に対しても、これまでの科学は、それらを時空の世界で解釈しようとしてきた。そのため、時空を超越した世界の存在や、その世界に存在する統合力に関して検証するためには、どうしても目に見えない世界と係った哲学であるとか、宗教であるとか、深層心理学であるといった心の世界と係わった分野に求めざるをえないことになる。

そうした心の世界と係るものの中に、本書の内容を検証するに足るものはないかと、心理学、宗教学、哲学など、様々な思想と係わる分野を可能な限りあたってみた。本書でも紹介した、ユングの共時性の世界、中国思想で語られている「道」、ヒンドゥー教の聖典の一つバガヴァッド・ギーターで語られている「ブラフマン」の世界、さらには聖書の創世記に描かれている世界は、時空を超えた世界の存在を確かに指し示していた。また、哲学の世界では、ライプニッツのモナドは、本書で述べている統合力と極めて近い関係にある(3)。

でも、それらに書かれていることは、統合力の存在や時空を超越した世界の存在を確信させてはくれても、私の推論の細部一つ一つを具体的にサポートしてくれるものではなかった。W・ジェイムズの『宗教的経験の諸相』も、時空を超越した世界を体験した人たちの体験談はいくつも語られていても、やはりそれが、私の推論の細部までサポートしてくれるものではなかった(4)。

私のたどり着いた世界は、確かに、これまでの科学や常識からはかけ離れてはいるけれど、その推論をもとにして、これまでの科学が抱える問題を再考してみると、そこには何の矛盾もないし、これまでの科学が対峙してきた多くの謎が、統合力の存在を仮定することで、謎ではなくなってくることも本書では示してきた。だから、科学ではとらえることのできない目には見えない世界に、統合力が存在し、その統合力の進化が、生物の進化をうながし、人間をも誕生させてきたという推論に確信を抱くことはできる。

でも、やはり、その確信を確実なものにするために、私の研究以外の他の思索なり、他の人の体験に基づいた言及といったものによって、私のたどり着いた生命進化の真相を検証したい思いは常に抱えていた。特に、現代科学の一つの大きな基盤となっているダーウィンの進化論を根こそぎ否定してしまうような推論であるから、なおのこと、私の研究結果から自然に導かれた生命進化の真相を、他の何かで検証したいという思いは強かった。

そんな思いを抱きながら、著作もほぼ完成に近づいてきた時、ふらりと入った一軒のブックショップで出会ったのが、イマヌエル・スエデンボルグの著書『神の愛と知恵』である。この時まで、私自身、スエデンボルグの著書はもちろんのこと、彼の名前さえも知らなかった。でも、その著書の一文を目にしただけで、私の心は高鳴った。というのは、そこに書かれている言葉一つ一つが、私が、あの言葉と五感との係わりの発見を契機にしてたどり着いた生命世界の有り様そのものを表現していたからだ。彼が、これら一連の著書を書いたのは一七五〇年から一七七〇年にかけて、スエデンボルグ六〇歳から八〇歳の時、ダーウィンの『種の起原』の登場より一〇〇年ほど前、カントが『純粋理性批判』をはじめとする一連の批判書を出版する二〇年ほど前のことである。

彼のこの著書に描かれているのは、彼が思索して得たものではない。それは、神の恩寵としか表現できない、彼自身のこころの体験に基づいたものである。その体験したものをそのまま表現したり、あるいは、その体験をもとにして見えてきた世界を表現したりしているが、そこに描かれているのは、まさに生命のこと、時空を超越した世界のこと、そして、統合力の世界のことである。彼は、統合力という言葉を使ってはいないが、その著書全体に流れているのは統合力の世界そのものである。彼は、その著書の中で、私が表現する統合力を「度」として表現していて、それを次のように語っている(5)。

凡て創造された物の中には、引いては凡ての形の中には度が存在している。

度には縦の度と横の度の二つの種類があり、横の度は連続しているのに対して、縦の度は分離しているとしている。この二つの度は、先に私が統合力の進化を高層ビルの譬えとして述べたが、その高層ビルの譬えそのものである。高層ビルの各フロアーの関係が縦の度であり、一つのフロアー内での係わりが横の度に対応している。縦の度としてのフロアーごとには断絶があるのに対して、横の度としての同じフロアー内での変化は連続的である。そして、スエデンボルグは、この二つの度を示しながら、この世、すなわち、我々の心が縛り付けられている時空の支配する世界では、横の度、すなわち連続した度は知られているが、縦の度、すなわち分離した度は知られていないと語り、この二つの度の存在を知らないと、生命の真相はわからないとして次のように述べている(6)。

(この度の存在が分からないと)人間の生命と獣の生命との、または完全な動物と不完全な動物との相違についてもまた何ごとも知ることはできず、植物界の諸々の形の間の相違についても、鉱物界の諸々の物質の間の相違についても何ごとも知ることはできない。ここから、これらの度を知らない者は何らかの判断によって原因を認めることができず、たんに結果のみを認め、それによって原因を判断し、その判断の大半は結果に連続した推理によりなされることを認めることができよう。しかし原因は結果を連続的に生むのではなく、分離的に生むのである。(かっこ内の挿入部分は著者の加筆)

ここでスエデンボルグが語っている「植物界の諸々の形の間の相違」とは、種間の相違であり、その相違が、横の度、すなわち連続的に変化して生まれてきたのではなく、縦の度によって不連続的に誕生してきていることを述べている。それは、古生物の化石記録が示している断続平衡の現象が、統合力の誕生によるものであるという本書で示した推論そのものである。さらに、こうした縦の度の存在が分からないまま、結果だけから、すなわち横の度としての目に見える現象だけから、その原因を推論してしまうと、大きな誤謬に陥るとして、次のように述べている(7)。

もし何人かがこれらを分離した度または縦の度から考えないで、連続した度または横の度から考えるならば、これらについては何ごとも原因から認めることはできないで、たんに結果から認めることができるのみであり、そして結果からのみ見ることは妄想から見ることであって、そこから誤りが次々と生まれ、その誤りは推理により増大して、ついには極端な誤謬も真理と呼ばれるようにさえなるのである。

ここで彼が述べていることは、先の断続平衡の現象を、横の度、すなわち時空の因果の世界から考えている人たちへの警鐘とも受け取れる。生命の営みを時空の世界に起きている結果からのみ推論することは、誤謬を生むことになり、それは、ダーウィンや、その後のダーウィニストたちの犯してきた過ちそのものである。しかし、その誤謬にもかかわらず、ダーウィンの提唱した突然変異と自然淘汰による種の誕生は、多くの科学者によって正しいものとして受け入れられているが、それをスエデンボルグは、「その誤りは推理により増大して、ついには極端な誤謬までも真理と呼ばれるようになる」と、縦の度の存在を無視したダーウィニストたちの推論が陥る誤謬を予測するかのように警鐘を鳴らしている。

スエデンボルグは、この著書の中で、いま述べてきた度の他に、時空を超越した世界の存在についても述べていて、私のデータに基づいた推論の一つ一つが、彼の体験した心の世界、生命の世界であり、本書で述べてきたことが、生命進化の真相を語っているものであることを改めて確信させてくれる。ただ、今日では、スエデンボルグは神秘主義者というレッテルを張られてしまっているため、スエデンボルグの著書を引用することで、中には、これまで述べてきた生命進化の有り様を宗教的、神秘的なものとして一掃してしまう人もいるかもしれない。そういう人たちのために、少しばかりスエデンボルグについて触れておくことも無駄なことではあるまい。

スエデンボルグは、六〇歳ころまでは、スウェーデンを代表し、当時の世界をも代表する一流の科学者であった。そのスエデンボルグに、神からの啓示とも思える新たな心が芽生え始めたのは五〇代半ばのことである。その体験によって、スエデンボルグは、目に見えない心の世界を深く知ることになる。その新たに生まれた視点から、それまでの科学者としての体験をもとにして、科学者がもっぱら探求しようとしている目に見える世界が、目に見えない世界によって支えられていることを一般の人たちの陥りやすい誤謬を示しながら、世に知らしめたのが、『神の愛と知恵』のほか、何十にものぼる著書である。私自身、そのうちの数冊しか目にしてはいないが、スエデンボルグの体験した世界が、生命の世界をとらえた現実の世界であることを確信できる。

そのスエデンボルグの著書は、その後の科学者を始め、哲学者、芸術家、宗教家など多くの知識人に多大な影響を与えている。日本を代表する禅仏教学者、鈴木大拙も、スエデンボルグの著書に共鳴し、それを日本語に翻訳してもいる。こうした歴史が物語っていることは、スエデンボルグの著書に述べられていることが、単に宗教家の心の体験と共鳴するだけのものではなく、科学者や芸術家などの心に、命の明かりを灯しているからなのではないだろうか。そして、世の中をリードしてきた知識人の中に、スエデンボルグの著書に共鳴する人たちが多くいるということは、スエデンボルグの語る世界が、単に神秘主義という言葉によって一掃されてしまうものではなく、一人ひとりの心の中に秘められた生命の世界を正しく表現したものであることを物語っているからなのではないだろうか。

ともあれ、あの言葉と五感との係わりの発見が契機となって、私の心の中に自然に生まれてきた疑問、その疑問にただ答えようと素直に導かれていく中で、たどりついた一つの結論——生命の進化は統合力の進化であり、新たな統合力の誕生が人間を誕生させた——が、今から二〇〇年以上も前に生きていた一人の人間の心の体験に基づいた生命の世界と、全く同じ世界に根を張っているということを知るにつけ、言葉と五感との係わりの民族性、そこから見えてきた人間誕生のドラマ、そして、そこから導かれた生命進化の真相は、やはり正しかったのだと、今はより強く確信できる。そして、あの言葉と五感との係わりは、まさに神が残してくれた生命の世界への道標であったのだと、今改めて二五年前の出会いに感謝の思いが込み上げてくる。

ただこれまで述べてきたことを、これまでの歴史がそうしてきたように、神秘主義とか、汎神論といった名のもとに、非科学的であるとして排斥してしまう人もいるであろう。でも本書で述べてきたように、生命の世界は、科学がもっぱら探求の対象とする時空で制限された見える世界にあるのではなく、これまでの科学が、その探求の手を伸ばすことをしてこなかった目に見えない時空を超越した世界にあることを知ることだ。この目に見える世界と目に見えない世界の二にして一なる世界こそ、私たちが現実に生きている世界であるのにもかかわらず、これまでの我々の認識は、もっぱら目に見える世界だけが科学的な世界であるとして、目に見えない世界を科学の名のもとに切り捨ててきてしまったのである。

二一世紀の科学は、生命と係って、医学や人工知能といった分野で、ますます高度な技術を生み出し、人間社会に深く入っていくことになろう。そうした科学が、人類の平和と幸福のために正しく発展していくためには、生命の営みが、見える世界にあるのではなく、見えない世界にあるということを知り、目に見えない世界に立脚した新たな科学を構築していくことが、極めて重要なことになってくるのではないだろうか。

さて、もう一つ、これまで述べてきたことで、私自身まだ答えの見いだせないものがある。それは、統合力の進化は、一体どのようにして生まれてきたのかという問題である。これは、先に図7に様々な統合力としての円が、上位の統合力の円に内接している図として示したが、そうした内接円としての統合力が、一体どのようにして生まれてくるのか。統合力の内に秘められた創造性との係わりであるが、そのことは、まさに神のみぞ知ることのように思える。ただ、先にも述べたように、この宇宙の誕生から、人間誕生まで、あらゆるものの内に統合力は貫かれているから、新たな統合力の誕生も、統合力と統合力との係わりの中で、全体を一なる調和した世界に創出するという生命の営みによって、必然的に生み出されてきたのであろう。

そして、将来、ひょっとしたらこの問題に対しても、それが必然的なものであるとして、論理の明かりが見いだされてくるかもしれない。ただ、今の時点で言えることは、この宇宙を誕生させ、地球上に数限りない生物を誕生させ、そして人間を誕生させてきたその源には、あり続けている生命があり、その生命の営みが、全体を一つに統合しながら、創造的に新たな世界、新たな生物を生み出してきたということだけである。

エピローグ

ダーウィンの種の起源に関する研究は、ヴィーグル号に乗っての自然観察に始まりますが、私の生命の進化に関する研究は、生きることの意味を求めて、私自身の心の世界を探求することに始まりました。そして、ダーウィンの場合には、様々な地で、その地に特有な生物を目にしたことから、種の起源について思いをめぐらしたのに対して、私の場合には、研究の始まりの頃はもちろんのこと、研究を始めてから一〇年近くもの間、生命の進化との係わりは全く見えてはきませんでした。

感性用語を広辞苑から拾い出すという単純な作業の中で、突然閃いた言葉と五感との特殊な係わりも、心ときめく発見ではありましたが、その時には、それが意味していることが一体何なのか、全く分かりませんでした。ましてや、それが民族性を帯びていて、考古学と深く係わっていることなど、知る由もありませんでした。そうしたことが次第に分かってきたのは、研究を始めて五、六年してからのことでした。でも、その時点でも、私の探求していることが、生命の進化と係わっているなどとは露ほども思いませんでした。ただ、言葉と五感との係わりにある民族性について、考古学との係わりで、より深く探求していくことに力を注いでいるだけでした。

やがて、日本の、そして世界の考古学について調べていくことの中から、言葉と五感との係わりの民族性が、数万年前に人類の心に刻まれた心の遺跡であることが分かってきました。そして、そこから見えてきたことは、本書の中で述べていますように、当時（五万年前頃）別々の地に生活していたいくつかの民族に、現生人としての心が一斉に誕生していたということでした。

それは、アンケート結果の分析によって、自然に導かれ、たどりついた結果だったのですが、でも、それは一般常識から考えても、そして科学者の目からしても、決して容易に受け入れられるものではありませんでした。空間の壁を越えて、人類が一斉に現生人へと進化する、そんなことが起きていたことなど常識では到底考えられるものではないでしょう。でも、たどりついた分析結果は、そのことを語りかけていたのです。その結果を半信半疑な気持ちで受け入れながら、それでも私の心の奥には、その結果を是とする心がありました。というのは、その結果が、何の邪念も偏見もない中で、自然に導かれた結果であったからでした。

そして、その人間誕生の姿から見えてきたものは、生命の進化、生物の進化が統合力の進化に負っているということでした。その統合力の進化から生物の進化を見つめてみますと、そこからは、それまでの古生物学や考古学、さらには量子力学や宇宙物理学など、様々な分野が抱えていた謎が、謎なのではなく、時空を超えた世界に存在する統合力の働きによるものであることが分かってきました。

本書で述べてきましたように、生命は時空を超越した世界にあって、内に創造性を秘め、絶えず全体を一つの調和したものにしようとする絶え間のない活動です。その生命の営みが、目に見える現象の世界には、時空によって規定された姿となって現れてきています。ですから、目に見える世界だけを追い求めてきたこれまでの科学の視点からは、どうしても生命そのものをとらえることはできず、生命の営みの結果としての様々な現象の中に、従来の科学では説明できない不可解な問題を抱えることになってしまっていたのです。

人間が人間であるのは、心と肉体とが二にして一なるものであるからだというのは、いまさら言うまでもないことなのですが、でも科学の世界では、その二にして一なることを忘れてきてしまっていました。全てのものの内に内的世界が秘められているのにもかかわらず、ほとんどの科学的研究は、その内的世界を無視し、目に見える世界だけで理論を作り上げてきました。もちろん、それは本書の中で述べていますように、一つの統合力の中での現象ですから、その分析に大きな間違いはありません。でも、生命と係った生物進化の問題になってきますと、状況は違ってきます。

ダーウィンの過ちは、種の起源という生命の営みを探求しているにもかかわらず、生命のもつ目に見えない世界の存在を無視してしまったことです。そして、ダーウィンに続くネオダーウィニストたちの過ちは、種の起源、生物の進化という生命の営みを、科学の世界に引きずり出してしまったことです。ただ、その過ちは、人間以外の生物に向けられている時には、社会にそれほど大きな問題をもたらすことはありませんでした。でも、その科学が、生命科学として、人間の生命と直接かかわる医学の世界に足を踏み入れてくる時、これまでの科学の有り様は、大きな間違いをもたらすことになってしまうのではないでしょうか。

近年、医学の分野において、精神的ストレスや不安感といった心の状態が病気を引き起こしたり、それとは逆にポジティブな考えや陽気さが病気を治癒するのに効果があったりすることが明らかにされてきていて、心と体の係わりを研究する精神神経免疫学といった新たな研究分野が広がり始めてきています(1)。この心と体の係わりに関与しているものがサイコソマティック・ネットワーク（心身ネットワーク）であるとして、そのネットワークがどのようにして心と体を繋いでいるのかが大きな謎としてクローズアップされてきています。この分野を長年研究してきた薬理学者であったキャンダス・パートは、このプロセスが時間と空間とに依存せずに、心身双方によって行われる物質とエネルギーのプロセスだと推論しています(1)。

このように、従来の西洋医学においては、病気は肉体的なもの、すなわち物質的なものとして、還元論的な立場にそって治療法が考えられてきましたが、近年、心と体、心と脳の係わりが病気治療において極めて重要な役割を果たしていることが明らかにされてきていて、単なる従来の還元論的な考え方での治療法ではない新たな治療技術が模索され始めています。

この心と体との係わりは、遺伝学の分野でも心と遺伝子との係わりとして研究が進められてきていて、ダーウィンの種の起原が発表された後、葬り去られてしまった獲得形質の問題が、今再びエピジェネティクスな問題として蘇ってきています（2）。

　こうした流れは、本書で述べてきましたように、この世のすべてのものの内を統合力が貫いていて、心と物質とは二にして一なるものであるという生命の本質が医学や遺伝学の世界において実証されつつあるということでしょう。そして、このことは、本書の中で紹介したルルドの泉での出来事が、神秘的なこととして、科学の土俵の上から排斥されてしまう現象ではなく、まさに心身ネットワークを活性化させることで起きている生命現象の一つであることを改めて確信させてくれます。そして、これからの科学には、物質を単なる無機的なものとして扱う唯物論的思考ではなく、全ての物質の内に内的世界が秘められていて、そうした内的世界は時空を超えた世界と係わっているという観点に立ったより広い思考世界が必要とされているのではないでしょうか。

　本書で述べてきました生命進化の真相は、統合力の進化という極めてシンプルな営みに終結できました。そして、それは、素粒子の誕生から、人間の道徳心までも貫かれていて、単なる形態的進化だけでなく、心の進化をも浮き彫りにすることができています。

　本研究を進める中で、本当にありがたいと思ったことは、数えきれないほどの多くの研究者が生み出してきた数々の研究結果でした。本書でも述べてきましたように、生命の進化が統合力の進化であることを裏付けるために、素粒子物理学、宇宙物理学、分子生物学、生物学、古生物学、考古学などなど、様々な専門分野で明らかにされてきた研究結果や、その研究の中で見えてきたいくつもの謎が、私の研究の糧となり、私の研究を支えてくれました。ここに、そうした分野での研究に日々取り組んでこられた多くの研究者に感謝の意を表したいと思います。また、本書の出版にあたり、編集者の立場からご助言をいただき、出版を支援してくださいました㈱水曜社代表取締役社長仙道弘生氏、ならびに朝倉祐二氏に厚くお礼申し上げます。

本書で述べてきました生命進化の真相は、二五年にわたる私の研究の集大成です。この研究に専念するため、四七歳にして会社を辞め、収入のない日々を過ごすこともありました。また、その後、再就職した大学も、本著作に集中するため、定年まで一〇年を残して辞めてしまいました。そうした中でやっと完成することができたこの著書を見るとき、今は言葉にならない喜びが込み上げてきます。これも全て、そうした危うい私の生き方の中で、その生き方を理解し、私を支えてくれた妻と子供たちがいてくれたからです。ここに妻と子供たちに改めてありがとうと感謝の思いを表したいと思います。

二〇一五年　六月

望月　清文

参考文献

第一章

（1）『無限を求めて』M・C・エッシャー著、坂根厳夫訳、朝日選書、1994年、16頁。
（2）『DNA』J・D・ワトソン／A・ベリー著、青木薫訳、講談社、2003年、277頁。
（3）『種の起原（上）』C・ダーウィン著、八杉龍一訳、岩波文庫、1990年、223頁。
（4）同右、225頁。
（5）同右、225頁。
（6）『フィンチの嘴』J・ワイナー著、樋口広芳／黒沢令子訳、早川書房、2001年。
（7）『種の起原（上）』C・ダーウィン著、八杉龍一訳、岩波文庫、1990年、350頁。
（8）『ウルトラ・ダーウィニストたちへ』N・エルドリッジ著、新妻昭夫訳、シュプリンガーフェアラーク東京、1998年、4頁。
（9）『種の起原（上）』C・ダーウィン著、八杉龍一訳、岩波文庫、1990年、23―24頁。
（10）同右、24頁。
（11）『ウルトラ・ダーウィニストたちへ』N・エルドリッジ、新妻昭夫訳、シュプリンガーフェアラーク東京、1998年、125頁。
（12）『盲目の時計職人』R・ドーキンス著、日高敏隆監修、早川書房、2004年、382頁。
（13）同右、382頁。
（14）『ワンダフル・ライフ』S・ジェイ・グールド著、渡辺政隆訳、早川書房、2000年。
（15）『種の起原（下）』C・ダーウィン著、八杉龍一訳、岩波文庫、1990年、39頁。
（16）同右、41頁。
（17）同右、43頁。
（18）『カンブリア紀の怪物たち』S・C・モリス著、松井孝典監訳、講談社現代新書、1997年、185頁。
（19）「ネオダーウィニズムの職人が見る非ネオダーウィニズム的世界」河野和男著、『現代思想』4月臨時増刊「ダーウィン」、青土社、2009年。
（20）『ダーウィンのブラックボックス』M・ベーエ著、長野敬／野村尚子、青土社、1998年。
（21）『インテリジェント・デザイン ID理論』宇佐和通著、学習研究社、2009年。

第二章

（1）『種の起原（上）』C・ダーウィン著、八杉龍一訳、岩波文庫、1990年、51頁。
（2）『新・進化論』R・オークローズ／G・スタンチュー著、渡辺政隆訳、平凡社、1992年、268頁。（Theodosius Dobzhansky, *Genetics of Evolutionary Process*, New York: Columbia University Press, 1970. p67.）

（３）『種の起原（上）』C・ダーウィン著、八杉龍一訳、岩波文庫、１９９０年、２２３―２２４頁。
（４）『ウルトラ・ダーウィニストたちへ』N・エルドリッジ著、新妻昭夫訳、シュプリンガーフェアラーク東京、１９９８年、２７頁。

第三章

（１）「８００万～７００万年前か＝人類出現、DNA解析で――国際チーム」、時事通信、２０１２年８月14日。
（２）Cann, R.L., Stoneking, M. and Wilson, A.C., "Mitochondrial DNA and human evolution", *Nature*, Vol. 325, 1987.
（３）『現代人の起源論争』B・M・フェイガン著、河合信和訳、どうぶつ社、１９９７年。
（４）McDougall, I., Brown, F.H. and Fleagle, J.G.," Stratigraphic placement and age of modern humans from Kibish, Ethiopia" *Nature*, Vol.433, 733-736, 2005.
（５）『５万年前に人類に何が起きたか?』R・G・クライン／B・エドガー著、鈴木淑美訳、新書館、２００４年。
（６）Christopher Henshilwood, et al., "Middle stone age shell beads form South Africa" ,*Science*, Vol.304, 404, 2004.
（７）McBrearty, S. & Brooks, A. S.," The revolution that wasn't: a new interpretation of the origin of modern human behavior", *Journal of Human Evolution*. Vol.39, pp.453-563 ,2000.
（８）M.Aubert' et. al. "Pleistocene cave art from Sulawesi, Indonesia" *Nature*, Vol.223, 9 Oct. 2014
（９）『５万年前に人類に何が起きたか?』R・G・クライン／B・エドガー著、鈴木淑美訳、新書館、２００４年、２９９頁。
（10）『人類の足跡10万年全史』S・オッペンハイマー著、仲村明子訳、草思社、２００７年。
（11）『３重構造の日本人』望月清文著、NHK出版、２００１年。
（12）『世界の大思想（20）アリストテレス』河出書房新社、１９７４年。
（13）『純粋理性批判』I・カント著、篠田英雄訳、岩波文庫、１９８９年。
（14）『エミール』J・J・ルソー著、今野一雄訳、岩波文庫、１９８５年。
（15）『共通感覚論』中村雄二郎著、岩波現代選書、１９９５年。

第四章

（１）『３重構造の日本人』望月清文著、NHK出版、２００１年。
（２）「心の考古学」望月清文著、『日本情報考古学会誌　vol.２』、１９９６年。
（３）『モンゴロイドの地球（３）日本人の成り立ち』百々幸雄編、東京大学出版会、１９９５年。

(4)『人類の足跡10万年全史』S・オッペンハイマー著、仲村明子訳、草思社、2007年。
(5)『人類学講座(6)日本人II 日本人の骨』山口敏著、雄山閣出版、1978年。
(6)『日本語の起源』大野晋著、岩波新書、1994年。
(7)『日本人の起源』埴原和郎編、朝日選書、1994年。
(8)『アダムの旅』S・ウェルズ著、和泉裕子訳、バジリコ、2007年。
(9)『混合と独創の文化』C・レヴィ=ストロース著、中央公論社、1994年。
(10) A.W.G.Pike, et. al., "U-Series Dating of Paleolithic Art in 11 Caves in Spain", *Science*, Vol. 336, 15 June 2012.
(11) Nicholas J. Conard, "A female figurine from the basal Aurignacian of Hohle Fels Cave in southwestern Germany", *Nature*, Vol.459, 248-252,14 May 2009.
(12)『心の先史時代』S・ミズン著、松浦俊輔/牧野美佐緒訳、青土社、1998年。

第五章

(1)『言語を生み出す本能(下)』S・ピンカー著、椋田直子訳、日本放送出版協会、1995年、166頁。
(2)『生命進化の8つの謎』J・M・スミス/E・サトマーリ著、長野敬訳、朝日新聞社、2001年、235頁。
(3)『言語を生み出す本能(下)』S・ピンカー著、椋田直子訳、日本放送出版協会、1995年、181頁。
(4)『ことばと認識』N・チョムスキー著、井上和子他訳、大修館書店、2000年、40頁。

第六章

(1)『偶然と必然』J・モノー著、渡辺格/村上光彦訳、みすず書房、1981年。
(2)『細胞の世界を旅する(下)』C・ド・デューブ著、八杉貞雄/大久保精一/八杉悦子訳、東京化学同人、1990年。
(3)『細胞の意思』団まりな著、NHKブックス、2008年、112頁。
(4)『シマウマの縞 蝶の模様』S・B・キャロル著、渡辺政隆、経塚淳子訳、光文社、2007年。
(5)『白蟻の生活』M・メーテルリンク著、尾崎和郎訳、工作舎、2000年、96・100・140・141頁。
(6)『細胞の意思』団まりな著、NHKブックス、2008年、167頁。
(7)『ルルドへの旅・祈り』A・カレル著、中村弓子訳、春秋社、1998年。
(8)同右、180―181頁。
(9)同右、177頁。
(10)『熱き想いの日々』A・カレル著、中條忍訳、春秋社、1984年(日記、1930年12月27日、102頁)。
(11)『バガヴァッド・ギーターの世界』上村勝彦著、NHK出版、1998年、252頁。

(12)『人類の足跡10万年全史』S・オッペンハイマー著、仲村明子訳、草思社、2007年、136・138頁。
(13)『純粋理性批判』I・カント著、篠田英雄訳、岩波文庫、1989年。
(14)『ユングと共時性』I・プロゴフ著、河合隼雄/河合幹雄訳、創元社、1994年。
(15)『量子力学の哲学』森田邦久著、講談社現代新書、2011年。
(16)『中国の思想(第6巻) 老子・列子』奥平卓/大村益夫訳、徳間書店、1990年。
(17)『荘子』金谷治訳、岩波文庫、1985年。
(18)『エレガントな宇宙』B・グリーン著、林一/林大訳、草思社、2001年。

第七章

(1)『純粋理性批判』I・カント著、篠田英雄訳、岩波文庫、1989年。
(2)『進化を拒む人々』鵜浦裕著、勁草書房、1998年。
(3)『ウルトラ・ダーウィニストたちへ』N・エルドリッジ著、新妻昭夫訳、シュプリンガーフェアラーク東京、1998年、125頁。
(4)『善悪の彼岸』F・ニーチェ著、木場深定訳、岩波文庫、1992年、14頁。
(5)『カント センチュリーブックス/人と思想(15)』小牧治著、清水書院、1988年。
(6)『盲目の時計職人』R・ドーキンス著、日高敏隆監修、早川書房、2004年。

第八章

(1)『種の起原(上)』C・ダーウィン著、八杉龍一訳、1990年、17頁。
(2)『社会的脳』M・S・ガザニガ著、杉下守弘/関啓子訳、青土社、1987年、103頁。
(3)『シマウマの縞 蝶の模様』S・B・キャロル著、渡辺政隆/経塚淳子訳、光文社、2007年。
(4)『種の起原(上)』C・ダーウィン著、八杉龍一訳、1990年、272頁。
(5)『元型論』C・G・ユング著、林道義訳、紀伊国屋書店、2007年、152頁。
(6)『生命の進化と精神の進化』望月清文著、水曜社、2004年。

第九章

(1)『宇宙を創る四つの力』P・C・W・デイヴィス著、木口勝義訳、地人書館、1991年。
(2)『エレガントな宇宙』B・グリーン著、林一/林大訳、草思社、2001年。
(3)『なぜビッグバンは起こったか』A・H・グース著、はやしはじめ/はやしまさる訳、早川書房、1999年。
(4)『狂騒する宇宙』R・P・キルシュナー著、井川俊彦訳、共立出版、2004年。
(5)『ワープする宇宙』L・ランドール著、塩原通緒訳、NHK出版、2007年。
(6)『宇宙を織りなすもの』B・グリーン著、青木薫訳、草思社、2009年。
(7)『生命の跳躍』N・レーン著、斉藤隆央訳、みすず書房、2010年、136頁。
(8)『性の起原』L・マーグリス／D・セーガン著、長野敬／原しげ子／長野久美子訳、青土社、1995年。
(9)『ウルトラ・ダーウィニストたちへ』N・エルドリッジ著、新妻昭夫訳、シュプリンガーフェアラーク東京、1998年。
(10)『シマウマの縞 蝶の模様』S・B・キャロル著、渡辺政隆／経塚淳子訳、光文社、2007年。
(11)『神は妄想である』R・ドーキンス著、垂水雄二訳、早川書房、2007年、225頁。
(12)『種の起原(上)』C・ダーウィン著、八杉龍一訳、1990年、115頁。

第十章

(1)『数学における発明の心理』J・アダマール著、伏見康治／尾崎辰之助／大塚益比古共訳、みすず書房、2002年。
(2)『バガヴァッド・ギーターの世界』上村勝彦著、NHK出版、1998年、252頁。
(3)『ゲノムと聖書』F・コリンズ著、中村昇／中村左知訳、NTT出版、2008年。
(4)『ユング心理学』J・ヤコービ著、高橋義孝監修、日本教文社、1984年。

終章

(1)『量子力学の哲学』森田邦久著、講談社現代新書、2011年。
(2)『ウルトラ・ダーウィニストたちへ』N・エルドリッジ著、新妻昭夫訳、シュプリンガーフェアラーク東京、1998年。
(3)「モナドロジー」G・ライプニッツ著、『世界の名著(25)スピノザ・ライプニッツ』、中央公論社、1978年。
(4)『宗教的経験の諸相』W・ジェイムズ著、桝田啓三郎訳、岩波文庫、2004年。
(5)『神の愛と知恵』I・スエデンボルグ著、柳瀬芳意訳、静思社、1992年、一七九。
(6)同右、一八五。
(7)同右、一八七。

エピローグ

(1)『脳の神話が崩れるとき』M・ボーリガード著、黒澤修司訳、角川書店、2014年。
(2)『双子の遺伝子』T・スペクター著、野中香方子訳、ダイヤモンド社、2014年。

望月清文（もちづき　きよふみ）

1950年、山梨県生まれ。75年、大阪大学大学院修士課程修了、KDD入社。78～79年、英国サザンプトン大学客員研究員。79年よりKDD研究所にて光ファイバー通信の研究に従事。84年英国電気学会よりIEE論文賞受賞。89年より人間研究に従事。96年KDD総研取締役。2000年㈱ベルシステム24取締役・総合研究所所長。2001年～2012年、城西国際大学経営情報学部教授。工学博士。著書に『サービス進化論』（KDDクリエイティブ）、『3重構造の日本人』（NHK出版）、『生命の進化と精神の進化』（水曜社）ほか。

素粒子の心 細胞の心 アリの心

心が語る生命進化の真相

発行日　二〇一五年七月三十一日　初版第一刷

著　者　望月清文

発行人　仙道弘生

発行所　株式会社 水曜社

〒160-0022 東京都新宿区新宿一-一四-一二

電　話　〇三-三三五一-八七六八

ファックス　〇三-五三六二-七二七九

www.bookdom.net/suiyosha/

印　刷　日本ハイコム株式会社

ISBN978-4-88065-365-5 C0040